U0185392

文鸿　陈青辉◎著

多载波可见光通信的信号处理及应用

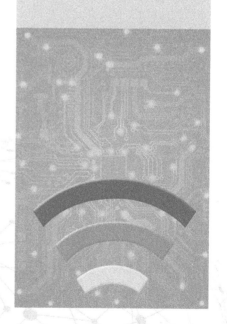

中南大学出版社
www.csupress.com.cn

内容简介
Introduction

　　本书系统阐述了当前可见光通信的两种高频谱效率与能耗效率的索引调制正交频分复用和滤波器多载波技术，在此基础上，结合实际的自由空间可见光信道，对子载波高频衰落均衡的预编码、低复杂度的采样频偏补偿、高效的峰均功率抑制算法进行了系统深入的论述，并给出了色移键控可见光相机通信和高精确度可见光室内定位的应用实现步骤。

　　本书适合从事光通信领域的工程师和研究人员、大专院校的教师、研究生及高年级本科生阅读。

前言 / Foreword

随着人工智能、云计算和大数据技术的迅速发展，8 K 高清视频、虚拟现实、智能医疗等业务得到广泛普及，高速率、大容量和低时延的无线接入是未来的发展趋势。可见光通信利用可见光波进行信息的无线传输，有机结合了光通信的超宽带、抗电磁干扰及无线通信的高度灵活性等优势，引起学术界和工业界的广泛关注，已成为 6G 全频带通信的有力候选技术。

多载波调制的主要思想是将高速数据比特流分成多个并行的低速数据比特流，每个子比特流调制单个子载波进行传输。多载波调制技术应用于可见光通信系统，不仅能够提高系统的传输容量、抵抗自由空间信道的多径效应，还可以与空间调制、MIMO等复用技术结合，进而增强可见光通信系统的鲁棒性和可靠性。在众多多载波调制方式中，索引调制正交频分复用（OFDM-IM）和滤波器多载波（FBMC）具有高频谱效率、高能量效率、低时延等优点，近年来深受研究者的青睐。如何在可见光通信系统中进一步提升频谱效率，解决自由空间可见光信道的高频衰落、采样频偏、峰均功率等一系列问题，保障可见光信号高效传输的同时降低发送/接收机的实现复杂度，是本书的研究重点。

本书基于多载波可见光通信系统，对子载波索引与功率调制、数字预编码、峰均功率比抑制、采样频偏估计与补偿、色移键控等关键技术，以及可见光相机通信和可见光室内定位等应用进行了理论研究和实验验证。本书是专门为学习可见光通信及多载波信号处理的研究人员所写，记录了多载波数字信号处理的研究过程。从本书中，读者可以大致了解可见光通信多载波调制技术、可见光相机通信系统、可见光定位技术的国内外发展现状，以及多载波可见光通信系统的信号处理理论及实现过程。

在本书的撰写整理过程中，我们得到了学生、家人、校方以及出版社等多方的支持与帮助。本书是我们所指导的各届研究生共同辛勤劳动的结晶，没有他们的努力，就不可能完成相关的研究工作。感谢任松、黎彪、许启芳、耿康、宗铁柱、罗坤平、陈豪、刘威等研究生的工作。本书部分实验工作在陈明、邓锐、马杰等专家的指导下完成。最后，诚挚地感谢对该书有过帮助的所有人。希望未来此书对光通信领域的研究人员有一定的帮助。因时间仓促，加之本书作者能力与水平有限，书中难免有不足和谬误，恳请专家与广大读者不吝指正。

作者

2023 年 12 月

目录
Contents

扫一扫，看彩图

第 1 章　可见光通信基础

1.1　可见光通信概述

　　随着物联网、智慧城市、自动驾驶、人工智能等为代表的大容量、高速率业务的日益普及，人类社会正迈向以"万物感知、万物互联、万物智能"为特征的数字化智能时代。由此产生的海量数据给当前通信网络的数据承载能力带来了巨大考验，对高速率、低延时的信息交互提出了更高需求。频谱资源是移动通信的命脉，频谱分配是任何一代移动通信成功的关键。当前 5 G 通信技术逐步商用化，传统无线通信已逼近香农极限，现有的频谱资源也逐渐匮乏。可见光通信(visible light communication, VLC)作为一种新兴的无线通信技术，其利用可见光范围内的光波进行信息传输[1]，并合了照明和通信的功能，可以极大地拓展可用带宽资源，突破未来通信网络所面临的频谱资源瓶颈。因此，可见光通信作为 6 G 全频带通信的有力候选技术深受学术界和工业界的青睐[2]。

　　相比传统无线通信，可见光通信具有许多独特优势：

　　(1)可见光通信的频谱资源自由，不需要额外频谱许可。并且可以充分利用已有的照明设备作为通信基础设施，无需额外频谱资源分配。这为可见光通信部署提供了更低的成本和更快的推广速度。

　　(2)可见光通信利用的可见光频谱范围广阔，可提供更高数据传输速率。据国际电信联盟(ITU)定义，可见光波长范围为 380~780 nm，相应频谱范围为 430 THz~790 THz，如图 1-1 所示。这使得可见光通信可以实现吉比特甚至更高的数据传输速率，满足了当前和未来的高带宽需求。

　　(3)可见光通信具有低功耗和环境友好的特点。由于可见光通信系统可以与照明设备共享基础设施，不需要额外的能源消耗，因此相对于传统的无线通信系统，可见光通信可以节省能源。此外，可见光通信所使用的光源通常为 LED 灯，具有高效、长寿命、低功耗的特点，与传统白炽灯相比，能够更好地实现能源的可持续利用。

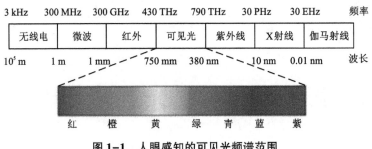

图 1-1　人眼感知的可见光频谱范围

(4)可见光通信具备安全性和抗干扰性优势。由于可见光的传播范围有限，室内可见光通信信号很难穿透墙壁，因而提供了更高的通信安全性。此外，可见光通信还可以采用定向传输技术，将光信号限制在特定区域，减少了信号的泄漏和干扰。

1.2　可见光通信的应用场景

基于可见光通信的众多优点，其可以被广泛用于各种场景，包括室内通信、室内定位、室内导航、智慧交通和物联网等。其中，室内通信是可见光通信最具潜力的应用之一。另外，可见光通信能与 WiFi 或蓝牙等无线通信技术协同工作，提供更稳定、更快速的无线通信服务。以下列举可见光通信的典型应用场景[5-7]。

(1)室内照明与通信。可见光可以运用发散角度很小的光柱进行数据传输，而其路径传输损耗较低的特点使高速带宽的安全数据流下载和传输成为可能。由于可见光无电磁干扰和污染，对于医院等对电磁干扰比较敏感的场景，可见光通信可以用于医疗设备之间的数据传输。

(2)室内定位。传统的卫星定位很难实现室内移动用户的精确定位，而可见光通信可以将用户位置信息通过照明设施进行传递。可见光定位系统可以提供比无线电波定位更加精确的定位功能，具体实现技术包括可见光成像定位、可见光偏振特性成像定位、可见光结合 ZigBee 定位、可见光与无线自组织混合定位等。其中，TDOA 可见光室内定位的准确度已达到 1 cm 以内。

(3)智能交通。随着 LED 技术的发展和成熟，越来越多的车辆制造商开始用 LED 灯装备新车辆。交通管制和市政建设单位也用 LED 阵列取代了交通信号灯和路灯。因此，基于 LED 的智能交通系统是可见光通信的一个重要应用，可以有效地避免车辆之间碰撞，避免闯红灯，并可避开交通拥堵道路，真正实现智能化交通。

(4)水下通信。水下通信既要保证通信质量又要对海洋生态环保无影响，具体要求为高真空可靠传输数据信息、远程控制水下设备的移动、以及控制水流变化对通信稳定性的影响。海底光缆布线难以实现、工作量巨大、费用昂贵，电波衰减大、带宽受限且延迟较大，尤其会对海洋生物产生影响。水下可见光通信可以很好地解决信号衰减和电磁波干扰问题，且无需担心对海洋自然生态产生影响。

1.3　可见光通信发展历程及现状

1.3.1　发展历程

　　可见光通信的历史可以追溯到古罗马时期，当时人们用抛光的金属板反射阳光来远距离传递信号。1792 年法国工程师 Claude Chappe 通过给一个横木的两端加上能够旋转的机械臂，实现了信息的编码和传输，利用中继站可以实现超过 100 km 的光电报网络。在 1880 年，亚历山大·格拉汉姆·贝尔（Alexander Graham Bell）发明了可将语音信号调制在太阳光上的光线电话机。1979 年 Gfeller 等采用开关键控（on-off keying, OOK）方式调制波长为 950 nm 的红外光[3]，漫射覆盖室内办公环境，实现了速率为 1 Mbps 的室内红外光通信。

　　伴随着固态照明技术的兴起，发光二极管（light emitting diode, LED）成功走进千万家庭的同时也拉开了可见光通信技术发展的序幕。1999 年，香港大学的 Pang 等首先提出室外可见光通信概念，并实现了通信距离超过 20 m、速率达 128Kbps 的可见光通信系统[4]。2000 年，日本 Keio 大学 Tanka 等学者在第 11 届 IEEE 个人室内和移动无线电通信国际研讨会上首次提出基于白光 LED 的室内可见光通信，成功实现了照明兼顾通信[5]。之后在 2003 年，日本成立了"可见光通信联盟"（Visible Light Communication Consortium, VLCC），推动在室内照明、家用电器、交通信号灯和 LED 广告牌等场景构建高速的可见光通信系统，并迅速发展为国际性的组织。2008 年，欧盟提出了"家庭吉比特网接入项目"（European Community Home Gigabit Access Project, OMEGA），将可见光通信列为重要的高速接入技术之一。同年，由美国国家科学基金会资助，伦斯勒理工学院和新墨西哥大学联合波士顿大学，成立了智能光工程技术研究中心（Smart Lighting Engineering Research Center, ERC），旨在研究高效快速的数字社会智能照明系统，实现照明的同时提供高速数据传输服务。2012 年，IEEE 标准委员会发布了首个可见光通信协议标准 IEEE 802.15.7，该标准讨论了短程光通信驱动方面的技术问题，推动了可见光通信的标准化发展[6]。同年，爱丁堡大学的 Hass 教授在 TED 演讲中首次提出了"用每一个灯泡传输无线信号"的概念，光保真技术（light fidelity, LiFi）走进了人们的视野[7]，引起各国研究者的兴趣。2017 年，Uysal 等介绍了 IEEE 802.15.7r1 任务组认可的基于如家庭、办公室和工厂等典型室内环境开发的参考信道模型和用于评估的可见光通信系统[8]。

国内可见光通信技术的研究和产业化起步较晚，但在国家大力扶持和诸多科研工作者的努力与付出下，可见光通信技术在国内发展迅速。2012 年，科技部将"可见光通信系统关键技术研究"作为《"十二五"国家科技计划信息技术领域备选项目征集指南》中"网络与通信"类别下的单独课题提出，经过复旦大学、中国科学院半导体物理研究所、解放军信息工程大学等众多机构研究者的不懈努力，目前我国已取得了丰富的研究成果。2013 年复旦大学的 Wang 等实现了离线最高速率 3.25 Gbps，实时系统平均上网速率 150 M，堪称世界最快的"灯光上网"[9]。2014 年，我国发起成立了中国可见光通信产业技术创新战略联盟，该联盟致力于突破可见光通信技术创新和产业应用发展的瓶颈。2015 年，经工信部测试认证，我国的"可见光通信系统关键技术研究"又获得重大突破，实时通信速率提高至 50Gbps，再次展现了中国在可见光领域的先发实力。2016 年，中国电子技术标准化研究院和全国信息技术标准化技术委员无线个域网标准工作组联合发布了可见光通信标准化白皮书，其中对国内可见光通信产业化现状进行了深入分析，并就可见光通信技术、应用、芯片、标准化等方面提出了针对性的建议和意见。2019 年4 月 1 日，国家标准化管理委员会发布的"可见光通信媒体访问控制和物理层总体要求标准(GB/T 36628.1—2018)"正式实施。2020 年，国家标准化管理委员会发布了"信息技术可见光通信系统室内定位传输协议标准(GB/T 36628.4—2019)"，标志着国内可见光通信定位应用产业化进入实施阶段。2022 年，中国移动有限公司研究院联合复旦大学、北京邮电大学等单位发布了"6G 可见光通信技术白皮书"，从信道建模、关键器件攻关、传输与组网技术等全方位阐释 6G 可见光通信技术，为未来面向 6G 的可见光通信的标准化与产业应用奠定了基础。

1.3.2　研究现状

1.3.2.1　多载波可见光通信系统

2006 年，不来梅国际大学 Afgani 团队验证实现了基于正交频分复用多载波调制(OFDM)的强度调制/直接调制(IM/DD)的可见光通信系统[10]，开启了关于高速率的多载波可见光通信的研究大门。2010 年，德国 Heinrich Hertz 实验室的科研人员创造了当年多载波可见光通信速率的世界纪录，他们利用普通商用的单个荧光白光 LED 搭建的可见光通信系统可实现 513 Mbps 的通信速率[11]。2011 年 OFC 会议上，该团队利用 DMT 多载波技术，采用 RGB-LED 的发射机、基于 PIN 的接收机，实现了单信道 803 Mbps 的传输速率，再次创造了世界纪录[12]。

与传统的单载波相比，多载波调制在可见光通信中具有重要的作用。采用多载波调制的信号被分成不同的子载波，并在各个子载波上进行独立调制和解调，从而实现高效的数据传输。多载波可见光通信系统具有众多优势，主要包括[13]：

(1)高频谱利用率。多载波可见光通信允许将频谱划分为多个子载波，每个子载波之间是正交的，因此可以在不同的子载波上低速率传输数据，极大地改善了频谱利用率。另外，多载波可见光通信可以通过正交幅度调制（quadrature amplitude modulation，QAM）、脉冲幅度调制（pulse amplitude modulation，PAM）等调制方式实现映射关系，进一步提高频谱利用率。

(2)抗频率选择性衰落和多径干扰能力强。多载波可见光通信是一种多载波复用技术，相比单一载波传输，多载波可见光通信的传输时间长得多，这种特性使其能够更好地抵抗噪声和信道衰减。

(3)信号处理易于实现。多载波调制可采用快速傅里叶变换/逆变换（inverse/fast fourier transform，IFFT/FFT）处理信号，计算复杂度低，易于实现信号分解。由于数字信号处理技术的发展，采用数字解调技术可降低接收器的复杂性。此外不需要多抽头系数滤波器进行补偿，通过插入导频子载波或训练符号等方式进行相位噪声补偿等，即可实现解调和数据恢复。

(4)与其他复用技术互相兼容。多载波可见光通信可以与空分复用（space division multiplexing，SDM）等技术结合使用[14]，提高传输速率。这些技术的融合可以提高可见光通信系统的性能和可靠性，更好地满足各种应用场景需求，促进多载波可见光通信技术在实际应用中的普及和推广。

当然，多载波可见光通信也面临一些缺陷。随着研究的深入，多载波可见光通信的非线性效应、频率偏移敏感、高峰值平均功率比（peak to average power ratio，PAPR）以及高频子载波衰落等问题引起了研究者的关注。首先，在抵抗非线性效应方面，数字预处理技术成为主流，多个研究团队展开了相关研究。武汉邮电科学研究院 Qi Yang 研究团队、台湾交通大学 C. C. Chow 研究团队、印度理工学院 Vimal Bhatia 研究团队分别提出了基于线性准则、基于波形整形、基于NLMS 准则的时域数字预失真技术，实验验证了预处理类时域数字预失真技术在减缓可见光通信中非线性效应的有效性。南洋理工大学 Chen 等则提出了一种高效的基于频域处理的数字预失真技术[14]。这些都预示了数字预失真技术应用于室内高速可见光接入的可行性。此外，基于数字预处理的降 PAPR 技术，可以减轻非线性效应的影响。例如，2017 年东京理科大学 Miyazawa 研究团队提出的一种基于 CAZAC 预编码的 PAPR 降低技术[15]以及马来西亚 TM 研究所 Abdulkafi 研究团队提出的一种基于改进型限幅 PTS 联合技术的 PAPR 降低技术[16]，都已被证明可提高可见光通信对非线性的抵抗能力，并改善系统性能。在面向高速可见光通信系统的研究中，对降 PAPR 这类预处理技术的应用研究也将持续发展。其次，在抵抗带宽受限引起的高频衰落问题的研究方向，有关数字预编码技术、自适应调制及多带传输的话题持续火热。例如 2017 年的一些代表性研究报道：复旦大学 Shi 等研究了基于子载波交织及 DFT 扩展的预编码技术，可降低系统传输信号 PAPR 的同时抵抗系统高频衰落[17]；香港中文大学 Hong 等研究了基于正交循环矩阵的预编码技术[18]，可有效缓解带限可见光 OFDM 通信系统中高频衰落所引起的子载波信噪比分布不均的问题；诺森比亚大学 Chvojka 等提出了一种自适应可变的 m-CAP 调制方法以适应带限的可见光通信系统[19]；伦敦大学学院 Haigh 等提出了一种面向带限可见光通信系统的 Fast-OFDM 调制方法[20]。最后，在克服采样频偏敏感问题方面，2017 年，湖南大学邓锐博士在实时 VLLC-OFDM HD-SDI 视频传输系统验证了一种基于训练符号的 SFO 缓解方案，并能兼顾符号定时同步和信道估计[21]。2020 年中国科学技术大学研究团队在实时 OFDM-VLC 接收机的基础上，讨论了基于不同插值的 SFO 补偿方案在 VLC 传输性能和 DSP 复杂度方面的应用[22, 23]。

通常，空间调制（spatial modulation，SM）是提升通信系统频谱效率（spectral efficiency，SE）的一种方法[24]。其从星座图中选择符号，并与一组发射天线中选择的唯一发射天线编号对应。受这项技术的启发，2009 年，Alhiga 团队提出了一种全新的传输方法，并将其称为子载波索引调制（subcarrier index modulation，SIM）[25]。SIM 的关键思想是使用副载波索引向接收机传送信息。在与 OFDM 结合之后，实验得出 4-QAM 条件相比传统的 OFDM 提升了 4 dB 的 BER 性能增益。但该方案存在潜在的比特错误传播，这可能导致严重的突发错误。2011 年，Tsonev 等对 SIM 方法进行了改进，在保留 SIM 方法优点的同时，避免了比特错误的传播，解决了解调门限的问题[26]。2013 年，Basar 等提出了一种新的 OFDM 方案，称为 OFDM-IM，这种方案适用于频率选择性和快速时变衰落信道[27]。在该方案中，信息不仅通过如传统 OFDM 中的 M 元信号星座来传递，还通过输入比特流激活的子载波的索引来传递。该 OFDM-IM 系统选择多个子载波进行激活并发送信号，解决了频谱效率低的问题，为以后的索引调制研究奠定了基础。2015 年，E. Basar 团队在此基础上，将 OFDM-IM 与 MIMO 传输技术相结合，提出了 MIMO-OFDM-IM 方案。相较于传统的 MIMO-OFDM 与 OFDM-IM 系统，在相同 SE 下，MIMO-OFDM-IM 系统的 BER 性能得到了明显提升。

针对索引调制的接收端检测算法，E. Basar 团队还提出了基于最大似然（maximum likelihood，ML）检测算法与对数似然比（logarithmic likelihood ratio，LLR）检测算法的不同复杂度的收发机结构。至今，ML 仍是性能最佳的检测器，但是复杂度过高，不易于实现。LLR 算法通过比较不同子载波最大后验概率的大小进行检测，虽然性能略逊于 ML，但其复杂度远低于 ML，是目前最常用的接收机 IM 检测算法。2015 年，贝尔法斯特女王大学的 Crawford 团队提出了一种新的低复杂度子载波索引检测方案，并将其命名为贪婪检测器（greedy detector，GD）[28]。相比 ML

检测器，其大幅度降低了检测器的复杂度，误码性能损失小于 0.6 dB。同年，华南理工大学陈芳炯团队提出了一种基于 ML 的低复杂度检测器[29]，该检测器不需要知道噪声的方差和有源子载波指数便可以实现。利用该低复杂度 ML 检测器，陈芳炯团队推导出了系统实现的渐近平均误码概率（average bit error probability，ABEP）和准确的编码增益。2018 年，陈芳炯团队再进一步，提出了一种新的 OFDM-IM 简化 LLR 算法[30]，仿真结果表明，该算法在较低的计算复杂度下获得了接近最优检测器的误码性能。同年，Nakao 等提出了一种新的索引调制非正交频谱有效频分复用（spectrum effective frequency division multiplexing，SEFDM）方案，获得了比传统正交频分复用和传统 SEFDM 方案更高的带宽效率[31]。针对该方案，该团队还制定了一种基于低复杂度 LLR 的检测算法，该算法允许所提出的 SEFDM 在任意较多数量子载波的配置中操作。2021 年，Kim 团队提出了一种基于深度学习的索引调制检测器 DeepDM，其拥有接近最佳的比特 BER 性能和较低计算复杂度[32]，并首次将卷积神经网络（donvolutional neural network，CNN）和深度神经网络（deep neural network，DNN）串联，分别检测索引位和子载波符号位，还提出了一种损耗函数来训练 CNN 和 DNN，使其逼近最大似然检测器的 BER 性能。在瑞利衰落信道下，DeepDM 在 BER 性能和计算复杂度方面都优于传统的检测器。

除了检测算法上的创新，为了进一步提高索引调制的性能，近年来在发送端也进行了很多索引调制的改进与补充。在提出上述 ML 低复杂度检测算法的同时，华南理工大学陈芳炯团队也提出了一种具有同相/正交（in-phase/quadrature，I/Q）索引调制的 OFDM[29]，并命名为 OFDM-I/Q-IM。2016 年，南洋理工大学 Fan 等展示了两种索引调制通用方案[33]，其中一种对每个子载波的正交相移键控符号的同相和正交分量执行独立的索引调制，即输入比特流共同决定同相分量和正交分量的有效子载波的索引。结果证明，每个 OFDM 帧可以发送更多比特，实现了比 OFDM-IM 更高的频谱效率。不久，清华大学毛天奇团队针对 OFDM-IM 存在非激活子载波的问题，提出了双模索引调制（dual mode index modulation，DMIM）的 OFDM 系统[34]。系统的子载波被分成若干子块，并且在每个子块中，所有子载波被分为两组，分别由一对可区分的调制解调器星座调制。因此，信息比特不仅由传统星座映射符号传送，而且由表示子载波星座模式的特定激活子载波索引隐含地传送。结果证实，在给定吞吐量下，DMIM-OFDM 实现了比使用索引调制的其他 OFDM 系统更好的 BER 性能，实现过程的计算复杂度相同或更低。同年，毛天奇团队进一步提出广义 DM-OFDM（GDM-OFDM），其中每个子块中由相同星座模式调制的子载波的数量是可变的[35]。通过应用这种广义补充，可以以边际性能损失为代价来提高频谱效率。此外，由于 GDM-OFDM 的 BER 性能在低信噪比时会降低，因此采用了交织技术来解决这个问题。结果表明，GDM-

OFDM 能够以可忽略的性能损失为代价提高频谱效率，并且交织 GDM-OFDM 可以获得优于 GDM-OFDM 的性能增益。2017 年，华南理工大学温淼文团队将 DMIM-OFDM 再进一步，提出了一种全新的索引调制方案，称为多模（multimode，MM）OFDM-IM（MM-OFDM-IM），该系统通过多个可区分的模式及其所有子载波来传递信息[36]。同时，该团队将 MM-OFDM-IM 的原理进一步扩展到 OFDM 信号的同相分量和正交分量，并介绍了该改进方案从 M 进制脉冲幅度调制星座生成多个模式的方法。一年后，该团队提出广义的 MM-OFDM-IM（GMM-OFDM-IM）系，该方案允许不同的子载波利用不同大小的多模信号星座，同时传送相同数量的索引比特[37]。

IM 技术近年逐渐被应用于可见光通信系统中。2015 年，Basar 团队选择将 OFDM-IM 技术应用于可见光通信[38]。之后，该团队针对基于 MIMO-OFDM 的 VLC 系统，提出了一种新的广义 LED 索引调制方法，避免了 OFDM 信号中时域和频域整形引起的典型 SE 损失[39]。与单输入单输出（single input single output，SISO）直流偏置（direct-current offset，DCO）光学 OFDM 系统相比，通过利用 MIMO 配置，频谱效率翻倍且消除了 DC 偏置。2017 年，毛天奇团队将提出的 DMIM-OFDM 系统应用于可见光通信系统，并提出 DM-DCO-OFDM 系统和双模索引调制支持的单极 OFDM（DM-U-OFDM）系统。为了生成非负信号，实值时域信号在 DM-DCO-OFDM 中被 DC 偏置，而在 DM-U-OFDM 上将正信号和负信号分别进行传输。仿真结果表明，与其他现有的光学 OFDM 方案相比，DMIM-OFDM 方案能够提高频谱效率，并且 DM-DCO-OFDM 和 DM-U-OFDM 可以[40]在相同的频谱效率下实现比传统方案更显著的性能增益。2018 年，为考虑无线信道的质量以提高数据传输速率，Colak 等提出了一种新的自适应 DM-OFDM-IM（A-DM-OFDM-IM）系统[41]。同年，山东大学研究者将索引调制应用于室内 VLC 系统，有源 LED 索引和调制符号通过最佳 VLC 信道在一个符号上联合传输，并且显著降低了接收机复杂度[42]。2019 年，重庆大学陈晨教授团队首次提出了一种 IM/DD-VLC 系统，采用数字预均衡技术和 SIM 进一步提升 OFDM-VLC 系统[43]。2021 年，该团队又提出并研究了一种用于实际 VLC 系统的新型离散傅里叶变换扩频（discrete fourier transform spread spectrum，DFT-S）的 OFDM-QIM 方案[44]。2022 年，基于 VLC 的离散哈特利变换（discrete hartley transform，DHT）O-OFDM-IM 系统被提出[45]。相比离散傅里叶变换的系统，基于 DHT 的 O-OFDM-IM 系统消除了厄米特对称要求，能传输更多索引比特。

无论是用于抵抗高频衰落效应的数字预编码技术，还是面向带限可见光通信系统设计的新型调制技术，都被证明可提高可见光通信系统传输性能。不过，新型调制技术的普及仍然需要长时间的推动，而数字预编码技术往往是面向成熟 OFDM 调制，便于应用与推广。总的来说，目前，高速可见光通信系统的数字信号处理研究对于发展基于可见光的新一代室内无线接入而言，是必不可少的环节。

1.3.2.2　可见光相机通信系统

2012 年，Danakis 等首次提出使用 CMOS 相机进行可见光通信信号的接收，其利用智能手机摄像头作为接收器，捕获人眼看不见的开关状态变化，通过携带的图像传感器实现卷帘快门效应(rolling shutter effect，RSE)的可见光相机通信系统(camera-based visible light communication，CVLC)，证明了卷帘模式下的数据传输速率远高于相机的帧速率[46]。此后，这种新型短距离的可见光相机通信引起了学者们的关注。针对 CVLC 系统的发送机和接收机设计方面，国内外多所高校开展了相关研究。

在 CVLC 系统发送机方面，2015 年，Luo 等利用欠采样调制、波分复用(wavelength division multiplex，WDM)和多输入多输出(multiple input multiple output，MIMO)技术，并结合无闪烁红绿蓝发光二极管(RGB-LED)灯，实现了频谱效率从每个灯 0.5 bit/Hz 到 3 bit/Hz 的提升，在 60 m 范围内达到 150bps 的数据速率[47]。2016 年，在第八届泛在网络与未来网络国际会议上，Le 团队针对 CVLC 系统的数据速率限制问题，构建了多通道的 MIMO-CVLC 系统，并分析了卷帘图像传感器性能[48]。2017 年，湖南大学研究团队基于商用 RGB-LED 和单个手机摄像头，提出了 RSE 的波分复用 CVLC 系统，为减轻采样频率偏移影响，提出了一种低复杂度采样重构方案，系统速率达到每帧 2.38 kbit[21]。同年，湖南大学研究团队提出了一种利用双光源重叠的 CVLC 系统多级调制方案，两光源分别由开关键控(on-off key，OOK)信号和曼彻斯特信号调制，通过低通滤波器提高系统性能，多电平调制方案实现了 4.31 Kbps 的净传输速率[49]。2018 年，Luo 等提出通过下采样调制使用低帧率摄像机探测器实现无闪烁 CVLC 系统[50]。同年，Chen 等提出了一种基于四色发光二极管的 CVLC 系统，在 CMOS 图像传感器上使用颜色比调制来提高数据传输速率，通过特定的数据包结构实现了 13.2 Kbps 的下行速率[51]。Xu 等提出采用色比调制色移键控(color ratio modulation-color shift keying，CRM-CSK)对信号进行调制，然后利用灰度调制(gray level modulation，GLM)生成可被相机识别的灰度级 CRM 符号，从而显著改善 CVLC 系统的下行速率[52]。2019 年，笔者团队在 CSK 的基础上，提出了一种基于 RSE 的 CVLC 系统的间隔色移键控(space color shift keying，SCSK)调制方案，在 HSV 颜色空间进行解调，不需要时钟恢复和绽放减缓的情况下，每张照片的数据容量可达 1.28 kbit[53]。2020 年，笔者团队又提出了基于 YCbCr 色彩预增强多输入单输出(multiple input single output，MISO)的 4CSK-CVLC，该系统在光照度低于 400 lx 的情况下传输速率能够达到 21.48 Kbps[54]。同年，华南理工大学 Chen 等提出了具有鲁棒性的

8CSK 调制的 CVLC 系统，将 RGB 的 LED 灯面板作为发射机，净数据传输速率达到 8.64 Kbps、像素效率为 3.75 px/bit[55]。2021 年，Nguyen 等采用 MIMO C-OOK 调制结合匹配滤波技术提高传输速率和通信距离[56]。2023 年，Arnim 团队提出基于发光信标和稀疏光流技术，并利用动态事件驱动模型以提高 CVLC 系统的通信性能和定位精度[57]。

在 CVLC 系统的接收机设计方面，Chow 团队在 2015 年提出了 60 行像素一组的矩阵来减轻图像传感器的"绽放"效应[58]。2016 年，Liu 团队提出了一种阈值方案来缓解每帧数据波动大、消光比(extinction ratio, ER)变化大、解调明暗条纹的问题，并通过实验比较了三阶多项式曲线拟合、迭代和快速自适应三种方案[59]。2017 年，北京邮电大学 Zhang 等演示了使用移动指数平均(moving exponent average, MEA)算法来减小 ER 波动，从而提高 CVLC 系统性能[60]。同年，Chen 团队提出了一种有效的解调方案来同步和解调卷帘模式，提出利用线性插值方法来增加有效采样点，然后论证了一种新的阈值分割方案——极值平均(extreme value average, EVA)，该方案适用于波动较大的数据模型且不需要以往阈值分割方案所需的消光比的增强[61]。2018 年，Kim 等提出基于伽马函数的信号补偿来克服接收光功率饱和引起的非线性[62]。同年，湖南大学 He 等提出了一种基于 LED 能量扩散(energy diffusion, ED)的新型列矩阵选择方案，运用 ED 的柱阵选择方案可以避免光晕效应，提高明暗条纹的对比度[63]。2019 年，He 等又提出一种基于条纹长度估计的高效采样方案，与 CVLC 系统中传统的时钟恢复(clock recovery, CR)方案相比，该方案具有更高的采样频偏容错率[64]。2022 年，Guo 等提出了一种图像恢复(image restoration, IR)方案来修复数据传输过程中被调制光损坏的像素，从而提供更好的图像输入来实现 OCC 系统的目标识别[65]。2023 年，Huang 等提出采用一维摄像机阵列代替二维摄像机阵列，并使用卷积神经网络进行训练，显著提高了水下光信号的探测速度和性能[66]。

1.3.2.3 可见光通信辅助的室内定位

全球卫星导航系统基本满足室外大部分区域的导航定位需求，在室内却难以接收卫星信号，无法工作。因此，基于 WiFi、蓝牙、超宽带、伪卫星、射频等基站式的无线定位技术应运而生[67]。但由于室内结构多样、电磁环境复杂，而基站式的无线定位方案需要平衡定位精度和运行成本，规模化应用存在困难。其他室内定位技术，如地磁指纹、运动捕捉、声波测距等的研究应用虽然也取得了一些成果，但这些技术在定位精度指标、工程化部署便捷性等方面各有优缺点。

LED 光源的广泛应用为可见光通信辅助室内定位(visible light positioning, VLP)技术在室内定位领域的研究与应用提供了有利条件。VLP 技术利用室内广泛存在的 LED 光源作为定位信标，兼顾通信定位和照明，具有系统部署简单、无电磁干扰、定位精度较高、成本较低的优点，在室内定位领域展现出良好的应用前景[68]，成为近年来国内外相关高校和企业机构研究应用的热点。

VLP 技术是低速 VLC 技术的一种应用，按照定位终端接收 VLC 信号所用传感器类型的不同，可分为成像法和非成像法[68]。VLC 系统中，当接收端以 PD 作为光电探测器时，可通过光电信息转化，将接收到的所有光信号转化成电信号，分析出带有位置信息的入射光，从而实现室内高精度可见光定位。基于 PD 的非成像室内定位技术，根据定位的方法不同，大致可分为三种：场景分析法、领域发现法和三角定位法[69-71]。场景分析法又叫指纹识别法，需要先采集定位的测量信息，然后记录测量信息与位置信息的测量数据，最后建立指纹数据库[69]。2012 年，Vongkulbhisal 等提出了一个二维室内定位系统，使用的指纹为从发光二极管接收到的光信号，他们通过实验验证了该系统在受控环境下的精度[72]。2013 年，Yang 等提出了一种利用 LED 可见光信号的消光比分布进行室内定位的算法，为了提高精确度和减少发射机的干扰，分别使用了不同 LED 发射器的接收消光比和时分多路复用(time division multiplexing, TDM)发送位置码，并通过实验验证了该算法的可行性，得出 60 cm 的等边三角形单元平均误差为 1.5787 cm[73]。领域发现法是依靠密集的网格参考点，每个参考点都有一个已知的位置信息，接收端将所获得的定位参考点位置坐标作为最后定位的位置坐标[70]。2012 年，Lee 等在观测者与目标距离为 23.62m 的室内环境下，采用 Zigbee 三跳无线网组和 VLC 方案的混合定位系统进行定位测试和验证，并通过实验进行了分析和讨论[74]。同年，Panta 等提出了从多个 LED 发射具有已知正弦分量信号的新型定位技术，白光 LED 的调制带宽足够大，可提供广阔范围的室内定位[75]。几何定位法是利用三角形的几何特征和性质来进行位置估算[71]。2015 年，Wu 等在第 14 届光通信与网络国际会议上提出了一种基于光码分多址(optical code division multiple assess, OCDMA)和到达时间(time of arrival, TOA)原理的可见光室内无线定位方案[76]，接收机收集三个叠加的信息比特流，通过测量每个灯的码相位信息来采集 TOA，从而使定位精度小于 6.5 cm。2011 年，Jung 等利用相位差采用时间差到达(time difference of arrival, TDOA)定位算法[77]，通过仿真评估了所提出的定位方法的性能，在 5m×5m×3m 空间内定位精度小于 1 cm。

定位系统中的三大要素为精确度、实时性和鲁棒性。这三者一直是评判可见光定位系统性能的重要参考指标。传统的 VLP 系统精确度比较低，且在接收端抖动的情况下系统的鲁棒性会大幅度下降。近些年机器学习广为流行，基于 PD 接收的可见光定位系统得到了广泛应用。2017 年，Guan 等提出了一种改进遗传算法的三维位置估计框架[78]，与其他 VLC 定位技术不同，该系统无需对移动终端的高度进行假设，也无需获取移动终端的方位角，即可实现室内定位。研究表明，在直接通道与反射通道非线性匹下，四角平均定位误差由 11.94 cm 减小到 0.95 cm。2018 年，Yuan 等提出了神经网络算法来校正由摄像机倾斜角引起的误差[79]，因倾斜角不同，相机采集到的 LED 图像不同，从而产生的特征也不同，通过提取这些特征，利用神经网络建立 LED 图像特征数据库，再经过三角定位算法从而得到定位位置。2019 年，Zhang 等针对传统的基于 RSS 的 VLP 系统存在建模不准确和强度变化的问题，提出了一种基于 ANN 的方法来对数据进行精确建模和定位[80]。他们引入到达相位差（phase differences of arrival，PDOA）和 RSS 测量的方法，确保了 ANN 建模方法的可行性，实现了混合定位系统在不同强度变化水平下的鲁棒性。同年，Jiang 等针对传统 VLC 定位算法易受干扰且不能很好适应复杂的室内定位环境的问题，提出了一种基于 VLC 和指纹的高精度室内三维定位算法[81]，该算法将 K 均值算法和随机森林算法相融合，得到了具有较强抗干扰能力的定位系统。2020 年，Wu 等提出了 sigmoid 函数数据预处理（function data preprocessing，SFDP），并将二阶线性回归机器学习（linear regression machine learning，LRML）算法和核岭回归机器学习（kernel ridge regression machine learning，KRRML）算法引入基于接收信号强度（received signal strength，RSS）的可见光定位系统[82]，使用 SFDP 方法可显著提高定位精度，使水平和垂直方向的平均定位误差在 2 cm 左右。同年，Bakar 课题组提出了使用多个 PD 的定制标签并将其应用于 RSS 的指纹识别，使用加权 K 近邻（weighted K-nearest neighbor，WKNN）算法进行定位[83]，实验证明在三个以下光源中 WKNN 算法的定位精度优于传统的定位方案。2021 年，Song 团队相继发表了两篇关于机器学习的可见光定位系统研究文章，一篇提出使用 DIALux 软件与回归机器学习设计 VLP 系统[84]，该方案可以减轻 VLP 系统中训练数据收集的负担；另一篇同样使用 DIALux 软件和线性回归机器学习算法来设计室内 VLP 系统[85]，实验数据和 DIALux 仿真数据训练的模型平均位置误差分别为 10.5 cm 和 11.1 cm，表明 DIALux 仿真训练的模型与实验数据训练的模型平均位置误差和误差发布相吻合，且减轻了 VLP 系统中训练数据收集的负担。2022 年，Liu 等针对现有的 VLP 研究大多忽略了壁面漫反射影响，导致 VLP 室内墙壁和角落附近的定位精确度不高的问题，设计了一个由单 LED 和可旋转光电探测器组成的室内 VLP 系统，引入机器学习中的极限学习（extrem learning machine，ELM）和基于密度的带噪声应用空间聚类（density-based spatial clustering of applications，DBSCAN）的混合算法[86]，使整个房间的平均定位误差从 11.97 cm 下降到 1.75 cm。同时期，Alenezi 等提出了利用多个二极管接收到反向发射功率来估计底层物联网设备的欧几里得坐标和方向坐标的方案[87]，该方案具有较高的定位精度和卡尔曼滤波稳定性。2023 年，Wang 等提出了一种基于信道状态信息（channel state information，CSI）的滑动窗口指纹（sliding window fingerprinting，SWF）算法[88]，对比仿真与传统的 RSS 算法、WKNN 算法和自适应剩余加权算法，SWF 算法的平均误差和均方根误差提高了 90% 以上。

当前，多数 VLP 系统主要注重基于圆形 LED 光源的定位问题，随着矩形平板光源的广泛应用，相关研究已经逐渐展开[89]。矩形平板光源普遍尺寸较大，具有显著的视觉信息，更适合作为 VLP 系统的定位参考。

1.4　可见光通信的系统组成及关键技术

1.4.1　系统组成

可见光通信系统由可见光信号发射机、自由空间可见光信号传输信道和可见光信号接收机三部分组成[90]。如图 1-2 所示，可见光信号发射机包括编码调制模块和 LED 发射模块，其中调制编码模块将原始数据信号流进行编码调制，同时针对可见光信道衰落进行预均衡处理。经过预处理的电信号进入 LED 发射模块，并经过放大器对信号进行放大，然后通过驱动器与 LED 驱动电流进行交直流耦合，从而将信号加载到 LED 光源上实现电光信号的转换。LED 发送模块常用的光源有两种：蓝光荧光粉 LED（P-LED）和红绿蓝 LED（RGB-LED）。为提高接收光强、增加传输距离，通常会在 LED 灯头加上光学透镜和聚光杯来减小光束发射角。

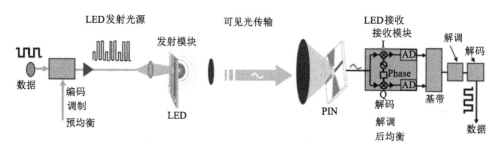

图 1-2　可见光通信的系统组成[90]

之后可见光信号进入自由空间信道传输。自由空间信道分为室内信道和室外信道两种，室内信道特性稳定，而室外信道容易受到环境的影响。可见光信号多以直射路径(line-of-sight, LOS)到达接收端，同时存在少量的漫射、散射信号，噪声主要来自自由空间环境的背景光噪声。

经过自由空间信道传输后，可见光信号到达系统接收模块。尽管光信号主要以直射的方式到达光电探测器，但为了提高接收端光照度、增加传输距离和接收信号信噪比（signal-to-noise ratio, SNR），需要在可见光光电探测器之前采用聚光透镜对光信号进行聚焦。然后由光电探测器接收光信号,实现光电信号的转换。可见光通信系统中主要采用的光电探测器有 PIN、APD 和图像传感器(imaging sensor)三种,一般来说 PIN 和 APD 多用于高速可见光通信系统,而图像传感器可以用于低速多输入多输出(multiple-input multiple-output,MIMO)可见光通信系统中。通过接收模块后,电信号进入接收端的信号恢复和处理模块。通过采用先进的数字信号恢复和均衡算法,消除系统损伤和噪声的影响,最后对接收信号进行解调和解码,从而恢复原始发射信号。

1.4.2 关键器件

1. LED 光源

LED 光源由一个 PN 结组成。P 型半导体中空穴为多数载流子,N 型半导体中电子为多数载流子。当 PN 结外加正向电压时,外电场与内电场作用,总的效果是削弱内电场,从而使空穴和电子向对方区域扩散形成稳定的电流。当 PN 结上加反向电压时,由于内电场被加强,阻止了多数载流子的扩散运动,电路就不能导通从而不能发光。可见光通信中主要采用在蓝光 LED 上涂上荧光粉,由蓝光激发荧光粉发出黄绿光,再和蓝光一起构成白光。白光 LED 作为光源,其光谱特性如图 1-3 所示。

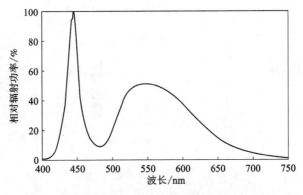

图 1-3　白光 LED 的光谱特性

2. LED 驱动

LED 光通量和前向电流直接相关。若用恒压方式控制 LED 亮度,则对控制精度要求很高,因为电压的微小变化将引起前向电流的巨变,从而导致 LED 亮度和色温的明显变化。因此,恒流方式是控制 LED 亮度的首选方式。在恒流方式下,如果通过改变恒流的大小控制 LED 的明暗,将会带来色温变化。一种更好的选择是采用恒流脉冲驱动 LED,用脉冲占空比来控制 LED 的亮度,如图 1-4 所示。当脉冲频率高于 200 Hz 时，人眼的余晖效应使人察觉不到灯光的闪烁。因此电流脉冲驱动 LED 不但适用于固体照明，而且可用于可见光通信，例如 LED 光功率的强度调制(OOK 和 PPM)。LED 产生的白光不同于以往传统荧光灯产生的在可见光谱上频谱较宽的白光，LED 白光要么是经荧光粉转换的蓝光，要么是由不同波长的窄光谱 LED 合成的白光。因此，LED 亮度调节可以被重新定义为包含各段光谱的强度调节，也被称为颜色强度控制(color intensity control)。实际应用中，不同材料 PN 结制作的 LED 发出不同颜色的光，如 GaAsP 发光颜色为红色。LED 白光由多种颜色光混合而成，如蓝光+黄光或蓝光+绿光+红光。

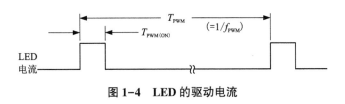

图 1-4　LED 的驱动电流

LED 照明通常采用直流供电，在 AC 220V 供电情况下，采用开关电源解决 AC/DC 转换问题。220 V 交流电经过低通滤波与桥式整流，转换为一个未稳压的直流电压，对此直流电压进行有源功率因数校正，提高电源功率因数。直流电压经过逆变器成为符合要求的高频方波脉冲电压，再整流滤波后变成直流电压输出。

3. 硅基 PIN 光电探测器

可见光通信的光电探测器是基于光电效应，将光辐射信号转变为电信号。光电探测器的主要指标有响应度、灵敏度、光谱响应范围、感光面积等。满足可见光通信要求的光电探测器一般具有以下特点：

(1)工作响应范围应该集中在可见光工作波长范围，对于一定功率的入射光信号，光电检测器应能输出尽可能大的光电流；

(2)响应速度快，具有较好的线性关系，以保证信号失真尽量小；

(3)低噪声，器件本身对信号的影响尽可能低；

(4)可靠性高，有较长的使用寿命等。

硅基 PIN 光电二极管结构简单、响应速率快，在可见光波段具有较高的响应度。此外硅基材料可与 CMOS 工艺兼容，能够将光电探测器与放大电路进行集成，形成一体化器件。室内可见光通信应满足 3~10 m 通信距离要求，照明用的 LED 光束较为发散，在接收端光信号强度较弱，因此可见光通信需要大面积、高响应度的光电探测器，而 PIN 光电探测器的探测面积与响应速率成反比，探测面积越大，响应速率越慢。为提高蓝绿光波段的探测灵敏度，要求光电探测器采用特殊工艺以增强蓝绿光波段的响应度。

4. 窄带 APD 光电探测器

硅基雪崩光电二极管(APD)在 PIN 结构的基础上加入了雪崩增益层,光电流通过强电场的加速进入雪崩增益层,进而引发雪崩电流,使原来的光电流信号得到放大,响应度可以提高几十倍甚至数百倍。APD 光电探测器具有很高的接收灵敏度,可以使可见光通信距离更远,但是其制作工艺复杂、成本较高,且需要较为复杂的外围电路以产生高压偏置并进行温度补偿。

5. 窄带滤光滤膜

白光 LED 按照其发光原理可分为蓝光-荧光 LED 和红绿蓝三色 LED 两种类型,蓝光-荧光型 LED 由蓝色 LED 激发能够产生黄绿光的荧光物质,并与黄绿光混合为白光,荧光物质响应速率很低,在 1 MHz 的频率以下,3 dB 带宽难以满足高速通信要求,而蓝光 LED 芯片通过电路均衡技术可以扩展至 100 MHz 以上,因此对于蓝光-荧光型 LED 发射系统,需要在探测器前方放置窄带蓝色滤光膜以滤除荧光部分。

而对于红绿蓝三色 LED,采用红绿蓝三色通道可以构成波分复用系统,提高系统总的容量,因此需要在相应的探测器前放置红绿蓝单色滤光膜以实现通道间的滤波和隔离。

6. 探测器电路

光电探测器需要有匹配的前置放大电路对光电流进行放大,为了提高接收灵敏度,需要采取技术措施抑制前置放大电路的噪声。对于 APD 光电二极管,需要额外为其提供高压偏置电路使其能够发生雪崩增益,并进行温度补偿以确保 APD 工作于稳定状态。此外,前置放大电路输出的信号还可以通过均衡电路拓展接收带宽,实现后端均衡。

1.5 本书的主要内容和结构

可见光通信是未来 6G 通信的有力候选技术,解决了无线通信的频率资源匮乏问题,具有广阔的应用前景。信号处理理论及应用是实现稳定可靠的可见光通信的关键。本书以多载波可见光通信为应用背景,系统地介绍索引调制和多载波滤波组理论、自由空间信道预编码、采样频偏补偿和峰均功率抑制等信号处理算法,以及色移键控可见光相机通信和可见光室内定位等应用。各章内容相互独立,对书中出现的名词都尽可能进行了解释或注明了参考文献。

第 2 章论述多载波索引调制,给出了子载波功率索引调制、子载波索引-功率联合调制两种信号处理方法,并应用于光纤-可见光混合系统进行传输。第 3 章讨论了自由空间信道引起的高频衰落问题,提出了基于 OCT 预编码、联合非厄米特与预编码的信号处理方法以均衡子载波信噪比。第 4 章将滤波组多载波应用于可见光通信从而提升系统频谱效率，并提出了分组交织预编码以降低数字信号处理的计算复杂度。第 5 章分析了多载波可见光通信的采样频偏问题，提出了基于子载波符号的采样频偏估计和盲补偿方法，并引入 K 均值聚类算法实现采样频偏的自动补偿。第 6 章讨论了多载波可见光通信的高峰均功率比问题，提出了随机交织分割的部分传输序列算法以及次优相位搜索算法，并结合加权星座预扩展以提升峰均功率抑制效果。

　　第 7 章设计了 4/8-色移键控的可见光相机通信系统应用，给出了硬件实现方案。第 8 章讨论了室内可见光定位的应用，提出了级联残差神经网络的 RSS 定位算法以提升室内定位的精确度。

第 2 章　索引调制多载波可见光通信

2.1　子载波索引调制

在传统的 OFDM 系统中，每个符号周期被分成多个正交的子载波，每个子载波都用于传输数据或承载控制信息。然而，在某些应用场景下，一些子载波可能经常处于闲置状态，无法有效传输信息，从而造成频谱资源的浪费。索引调制是一种新兴的调制方式，其依靠一些资源/构件的索引进行信息嵌入的调制。这些资源/构件既包括天线、子载波、时隙和载频等物理资源，也包括虚拟并行信道、信号星座、时空矩阵和天线激活顺序等虚拟资源。索引调制主要在空/时/频域或它们的组合域中实现。

一般来说，索引调制将信息比特分成索引比特和符号比特。前者决定哪一部分天线、子载波等资源是有效的，后者被映射到传统的星座符号上，由有效资源承载。根据这一原则，子载波索引调制通过对 OFDM 系统每个子载波调制模式的激活进行编码，实现了对子载波模式的选择性使用。子载波模式表示一组子载波的激活状态，可以是连续或者非连续的子载波集合。通过选择性地激活不同的子载波模式，在一个符号周期内只使用部分子载波，而其他未激活的子载波则保持空闲状态，因而节省了功率和频谱资源。

2.1.1　单模索引调制

单模索引调制 OFDM（OFDM-IM）系统发送端的结构如图 2-1 所示。全部的 m 个信息比特被分成 G 个子块，每个子块包含 $p=m/G$ 个比特，用在 $n=N/G$ 个子载波中进行索引调制。因为所有子块的处理流程是互相独立的，在不失一般性的前提下，以第 g 个子块为例进行阐述，$g=1, 2, \cdots, G$。对于第 g 个子块，输入的 p 个比特被分成两部分。具体来说，前 p_1 个比特作为索引比特，确定第 g 个子块的激活多载波序位（SIP），即 k 个激活子载波按顺序表示为

$$\boldsymbol{I}_g = \{i_{g,1}, i_{g,2}, \cdots, i_{g,k}\} \tag{2-1}$$

式中：$i_{g,\gamma}\in\{1,2,\cdots,n\}$，$\gamma\in\{1,2,\cdots,k\}$。剩余的 p_2 个比特用于星座符号映射，生成的符号矢量为

$$S_g=[s_{g,1},s_{g,2},\cdots,s_{g,k}]^T \tag{2-2}$$

式中：$s_{g,\gamma}\in\zeta$，$\gamma\in\{1,2,\cdots,k\}$。$\zeta$ 是能量归一化后的 M 进制星座符号集。I_g 有 $c=2^{p_1}$ 种可能的组合形式，$p_1=\log_2[C(n,k)]$，$C(\cdot,\cdot)$ 为组合计算符，$[\cdot]$ 代表向下取整函数。p_1 个比特到 I_g 的映射可以通过等可能激活的查找表法和组合法实现。

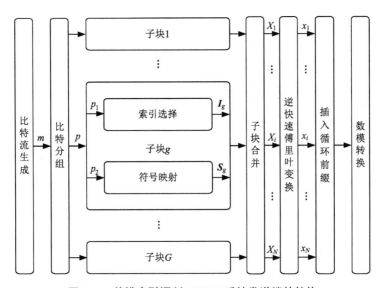

图 2-1　单模索引调制 OFDM 系统发送端的结构

1）查找表法

首先，创建一个大小为 c 的查找表，用于发送端和接收端的映射和解映射。在发送端，根据输入的 p_1 个索引比特在表中为每个子块查找对应的 SIP，然后在接收端进行相反的操作。如表 2-1 所示，对于 OFDM-IM(4, 2)，由于 $C(\cdot,\cdot)=$ 6，选定 4 个子载波循环等概率激活的 SIP，丢弃掉其余的 2 个索引组合。该方法在 c 值较小时极其简单有效，但是在 n 和 k 值较大时不够灵活。

表 2-1　OFDM-IM(4, 2)查找表

比特	索引	子块
[0　0]	{1, 2}	$[S_1, S_2, 0, 0]^T$

续表2-1

比特	索引	子块
[0 1]	{2, 3}	$[0, S_1, S_2, 0]^T$
[1 0]	{3, 4}	$[0, 0, S_1, S_2]^T$
[1 1]	{1, 4}	$[S_1, 0, 0, S_2]^T$
非法	{1, 3}	非法
非法	{1, 4}	非法

2）组合法

组合法是建立自然数和元素数为 k 的组合数之间一对一的映射，即将自然数映射为一个严格递减序列 $\{c_k, c_{k-1}, \cdots, c_1\}$，$c_k > c_{k-1} > c_1 \geqslant 0$ 且 $c_\gamma \in \{1, 2, \cdots, n-1\}$。换言之，对于确定的 n 和 k，所有的 $Z \in \{0, 1, \cdots, C(n, k)-1\}$ 都可以由一个长度为 k 的 J 序列表示。J 序列生成公式如下：

$$Z = C(c_k, k) + \cdots + C(c_2, 2) + C(c_1, 1) \rightarrow J = \{c_k, \cdots, c_2, c_1\} \quad (2-3)$$

以 OFDM-IM$(8, 4)$ 为例，$c = C(8, 4) = 70$，具体的 J 序列可表示为

$$69 = C(7, 4) + C(6, 3) + C(5, 2) + C(4, 1) \rightarrow J = \{7, 6, 5, 4\}$$
$$68 = C(7, 4) + C(6, 3) + C(5, 2) + C(3, 1) \rightarrow J = \{7, 6, 5, 3\}$$
$$\vdots$$
$$32 = C(6, 4) + C(5, 3) + C(4, 2) + C(1, 1) \rightarrow J = \{6, 5, 4, 1\}$$
$$31 = C(6, 4) + C(5, 3) + C(4, 2) + C(0, 1) \rightarrow J = \{6, 5, 4, 0\} \quad (2-4)$$
$$\vdots$$
$$1 = C(4, 4) + C(2, 3) + C(1, 2) + C(0, 1) \rightarrow J = \{4, 2, 1, 0\}$$
$$0 = C(3, 4) + C(2, 3) + C(1, 2) + C(0, 1) \rightarrow J = \{3, 2, 1, 0\}$$

算法为所有 n 寻找按字典顺序排列的 J 序列。首先选择满足 $C(c_k, k) \leqslant Z$ 的最大 c_k 值，然后选择满足 $C(c_{k-1}, k-10) \leqslant Z - (c_k, k)$ 的最大值 c_{k-1}，依此类推。对于每一个 OFDM-IM 子块，首先将输入的 p_1 比特转化为十进制数 Z 来选择对应的 J 序列，再将 $J+1$ 作为子载波激活索引。在接收端检测 SIP 后，根据式 $(2-4)$ 进行相反的操作，以恢复比特数据。

得到 I_g 和 S_g 后，将星座符号 $s_{g, \gamma}$ 放置到第 $i_{g, \gamma}$ 个子载波上，剩余的子载波位置置零，第 g 个子块的符号矢量可以写成

$$X_g = [X_{g, 1}, X_{g, 2}, \cdots, X_{g, n}]^T \quad (2-5)$$

于是，集合所有生成的 G 个子块构成下列频域 OFDM-IM 符号块

$$X = [X_1, X_2, \cdots, X_N]$$
$$= [X_{1,1}, X_{1,2}, \cdots, X_{1,n}, X_{2,1}, X_{2,2}, \cdots, X_{2,n}, X_{g,1}, X_{g,2}, \cdots, X_{g,n}]^{\mathrm{T}}$$

$$(2-6)$$

随后 X 由 IFFT 变换到时域，并在信号块前部添加 CP，最后进入信道传输。

在 OFDM-IM 接收端，从接收信号中移除 CP，进行 FFT 后，收发端的频域关系由下式表示：

$$Y = XH + W \qquad (2-7)$$

式中：$X = \mathrm{diag}(x)$，H 是频域信道响应矢量，W 是频域噪声矢量，服从均值为 0、方差为 N_0 的正态分布。接收端的重要任务是进行 SIP 和相应信息符号的检测。不同于经典的 OFDM，OFDM-IM 不能简单地应用 ML 判决，因为其子块还携带着其他的索引信息。以下介绍三种不同的检测算法。

1) 最优 ML 检测

由于不同 OFDM-IM 子块是独立编码的，OFDM-IM 信号按块检测。ML 检测通过搜索所有可能的子载波索引组合和信号星座点来考虑所有可能的子块实现形式，最小化度量函数，进而实现每个子块的激活索引和星座符号的联合判决。第 g 个最优 ML 检测度量函数为

$$(\hat{I}_g, \hat{S}_g) = \arg \min_{I_g, S_g} \| Y_g - X_g H_g \|^2 \qquad (2-8)$$

式中：$Y_g = [Y_{g,1}, Y_{g,2}, \cdots, Y_{g,n}]$ 表示第 g 个子块的接收信号和信道响应。$\hat{I}_g$ 和 $\hat{S}_g$ 分别是 I_g 和 S_g 的估计。可以明显看出，最优 ML 检测每个子块的搜索复杂度为 $O(cM^k)$，并且随调制阶数呈指数增长。因此，许多更符合实际用途的低复杂度检测方法，如 LLR、低复杂度 near-ML 等被提出以实现检测复杂度和系统 BER 性能之间的折中。

2) LLR 检测

考虑到发送端子载波上频域符号的值只有非零和零两种情况，LLR 检测通过计算最大后验概率的 LLR 来判定子载波的激活或静默状态。因为各个子块的构建是独立的，在不失一般性的前提下，下述基于一个子块进行讨论，为了简洁起见，将子块下标省略。结合贝叶斯公式，精确的 LLR 可以表示为

$$\lambda(\alpha) = \ln \frac{P_r[E \mid Y(\alpha)]}{P_r[\overline{E} \mid Y(\alpha)]} = \ln \frac{P_r(E) f[Y(\alpha) \mid E]}{P_r(\overline{E}) f[Y(\alpha) \mid \overline{E}]}, \ \alpha = 1, \cdots, n \qquad (2-9)$$

式中：E 表示第 α 个子载波是激活的；$\overline{E}$ 表示第 α 个子载波处于静默状态；$P_r(\cdot)$ 为概率函数；$f(\cdot)$ 为概率密度函数。根据式 (2-9) 可知，λ 越大意味着第 α 个子载波越可能处于激活状态。根据 $P_r(E) = k/n$ 和 $P_r(\overline{E}) = (n-k)/n$，式 (2-9) 可进一步写为

$$\lambda(\alpha) = \ln(k) + \ln(n-k) + \frac{|Y(\alpha)|^2}{N_0} + \ln\left\{ \sum_{l=1}^{M} \exp\left[-\frac{|Y(\alpha) - H(\alpha)S(l)|^2}{N_0} \right] \right\} \propto$$

$$\frac{|Y(\alpha)|^2}{N_0} + \ln\left\{ \sum_{l=1}^{M} \exp\left[-\frac{|Y(\alpha) - H(\alpha)S(l)|^2}{N_0} \right] \right\} \tag{2-10}$$

通过式(2-10)计算得到 n 个 LLR 值,然后可以根据 k 个最大 LLR 值的子载波确定 SIP 的估计值 $\hat{I}$。不难看出,每个子载波的 LLR 检测复杂度是 $O(M)$,和传统的 OFDM 检测保持一致,因此 LLR 检测被大量研究者青睐。但是,由于某些情况下发送端有 $C(n,k) - 2^{p_1}$ 种子载波激活索引组合未被使用,LLR 可能检测出非法的 SIP。另外,LLR 还需要噪声方差作为先验信息。

3)低复杂度 near-ML 检测

低复杂度 near-ML 由最优 ML 优化而来,由式(2-10)有

$$(\hat{S}, \hat{I}) = \arg\min_{S,I} \sum_{\alpha=1}^{n} |Y_\alpha - H_\alpha X_\alpha|^2 = \arg\min_{I} \sum_{\alpha \in I} \min_{S_\alpha} \left[-2\Re(Y_\alpha^* H_\alpha S_\alpha) + |H_\alpha S_\alpha|^2 \right]$$

$$\tag{2-11}$$

定义度量函数

$$D_\alpha = -2\Re\{ Y_\alpha^* H_\alpha \hat{S}_\alpha \} + |H_\alpha \hat{S}_\alpha|^2 \tag{2-12}$$

式中:$\hat{S}_\alpha$ 是 Y_α 的硬判决结果,可表示成

$$\hat{S}_\alpha = \arg\min_{S_\alpha \in S} |Y_\alpha - H_\alpha S_\alpha|^2 \tag{2-13}$$

于是,最优 ML 检测可简化为

$$\hat{I} = \arg\min_{I} \sum_{\alpha} D_\alpha \tag{2-14}$$

对于每一个符号,near-ML 只需搜索所有 I 的可能实现形式和 M 进制星座信号空间,因此每个子块搜索复杂度为 $O(c+kM)$。为了进一步降低计算量,可以通过选取 k 个最小的 D_α 值作为 $\hat{I}$。与 LLR 检测相比,near-ML 检测在保持相同计算复杂度的同时不需要噪声方差等先验信息。

2.1.2 双模索引调制

DM-OFDM-IM 发送端 DSP 流程如图 2-2 所示。首先,m 个输入比特由比特分离器划分为 G 组,即 $b^1, \cdots, b^g$,每一组包含 p 个比特,可定义为

$$\bm{b}^g = [b^g(1)\ b^g(2) \cdots b^g(p)], \quad g = 1, \cdots, G \tag{2-15}$$

式中,$p = m/G$。每一组比特流被送入索引选择器,和两个不同的星座映射器生成一个长度为 $n = N/G$ 的 DM-OFDM-IM 符号块 X^g,其中 N 为 IFFT 的点数。经典的 OFDM-IM 每个子块只有激活子载波调制有星座符号,而 DM-OFDM-IM 中每个子块的所有子载波都调制有星座符号,因此能大幅提升频谱效率。具体地,每个子块的 n 个子载波中有 k 个由调制阶数为 M_A 的星座 A 映射,剩余的 $(n-k)$ 个子

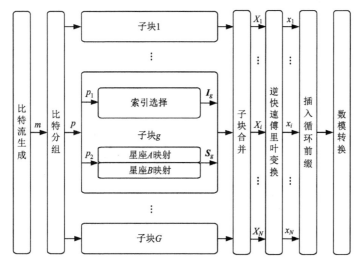

图 2-2　DM-OFDM-IM 发送端 DSP 流程图

载波由 M_B 进制的星座 B 映射。在实际应用中，两个星座的阶数相等被证明是相对合理的选择，因此本书假设 $M_A = M_B = M$。将式(2-16)中的比特流 $\boldsymbol{b}^g$ 表示为

$$\boldsymbol{b}^g = \begin{bmatrix} \boldsymbol{b}_1^g & \boldsymbol{b}_2^g \end{bmatrix} \tag{2-16}$$

式中，

$$\boldsymbol{b}_1^g = \begin{bmatrix} b^g(1)\, b^g(2) \cdots b^g(p_1) \end{bmatrix}$$
$$\boldsymbol{b}_2^g = \begin{bmatrix} b^g(p_1+1)\, b^g(p_1+2) \cdots b^g(p_1+p_2) \end{bmatrix} \tag{2-17}$$

式中，$p_1 + p_2 = p$。$\boldsymbol{b}_1^g$ 用于索引选择，即确定第 g 个子块中用于星座 A 符号映射的子载波索引。相应的索引集合为

$$I_A^g = \{ i_{A,1}^g,\ i_{A,2}^g,\ \cdots,\ i_{A,k}^g \} \tag{2-18}$$

式中，$i_\varepsilon^g \in \{1, 2, \cdots, n\}$ 并且 $\varepsilon = 1, 2, \cdots, k$。同时，由星座 B 映射的子载波也被 I_A^g 唯一确定。相应的索引集合为 $I_B^g = \{ i_{B,1}^g, i_{B,2}^g, \cdots, i_{B,k}^g \}$，其中，$i_\vartheta^g \in \{1, 2, \cdots, n\}$ 并且 $\vartheta = 1, 2, \cdots, n-k$。那么可能的 SIP 为 2^{p_1} 种，$p_1 = \lfloor \log_2 C(n, k) \rfloor$，式中，$\lfloor \cdot \rfloor$ 为向下取整，$C(\cdot, \cdot)$ 表示组合数计算。$\boldsymbol{b}_2^g$ 包含 $p_2 = n \log_2 M$ 比特，由 n 个长度为 $\log_2 M$ 的比特组成，可表示为

$$\boldsymbol{b}_2^g = \begin{bmatrix} \boldsymbol{b}_{2,1}^g & \boldsymbol{b}_{2,2}^g & \cdots & \boldsymbol{b}_{2,n}^g \end{bmatrix} \tag{2-19}$$

式中，

$$\boldsymbol{b}_{2,\alpha}^g = \{ b^g[p_1+(\alpha-1)\log_2 M+1] \cdots b^g(p_1+\alpha \log_2 M) \} \tag{2-20}$$

式中，$\alpha = 1, 2, \cdots, n$。然后 $\boldsymbol{b}_{2,\alpha}^g$ 由星座 A 或星座 B 映射。则第 g 个子块表达式为

$$X^g(\alpha) = \begin{cases} \mathcal{M}_A(\boldsymbol{b}_{2,\alpha}^g) & \alpha \in I_A^g \\ \mathcal{M}_B(\boldsymbol{b}_{2,\alpha}^g) & \alpha \in I_B^g \end{cases} \quad (2-21)$$

式中，$\mathcal{M}_A(\cdot)$ 和 $\mathcal{M}_B(\cdot)$ 分别表示由星座 A 或星座 B 映射。待所有 G 个子块依次生成后，合成的满足厄米特对称的 DM-OFDM-IM 符号为

$$\boldsymbol{X} = [0, X^1, X^2, \cdots, X^G, 0, \cdots, 0, (X^G)^*, \cdots, (X^2)^*, (X^1)^*]$$

$$(2-22)$$

随后经 IFFT、插入 CP、数字限幅等操作后，即可完成全部发送端 DSP。

在接收端，经符号定时同步、去除 CP、FFT、信道估计与均衡后，频域收发信号的关系为

$$\boldsymbol{Y}^g = \boldsymbol{X}^g \boldsymbol{H}^g + \boldsymbol{W}^g \quad (2-23)$$

式中，$\boldsymbol{Y}^g = [Y^g(1), Y^g(2), \cdots, Y^g(n)]^{\mathrm{T}}$ 是第 g 个子块频域接收信号，$\boldsymbol{H}^g = \mathrm{diag}[H^g(1), H^g(2), \cdots, H^g(n)]$ 为第 g 个子块信道频率响应，$\boldsymbol{W}^g = [W^g(1), W^g(2), \cdots, W^g(n)]$ 是第 g 个子块的加性高斯白噪声。并且，$\boldsymbol{W}^g(\alpha)$ 服从均值为零、方差为 $N_{0,F}$ 的复高斯分布。

1) 最优 ML 检测

以第 g 个子块为例，最优 ML 检测可表示为

$$\hat{\boldsymbol{X}}^g = \arg\min_{\boldsymbol{X}^g} \| \boldsymbol{Y}^g - \boldsymbol{X}^g \boldsymbol{H}^g \|_2 \quad (2-24)$$

根据 $\hat{\boldsymbol{X}}^g = [\hat{X}^g(1), \hat{X}^g(2), \cdots, \hat{X}^g(n)]$，可以确定 $\hat{I}_A^g$，进而得到 $\hat{\boldsymbol{b}}_1^g$，然后依据式(2-25)求出 $\hat{\boldsymbol{b}}_2^g$。

$$\hat{\boldsymbol{b}}_{2,\alpha}^g = \begin{cases} \mathcal{M}_A^{-1}[\hat{X}^g(\alpha)] & \alpha \in \hat{I}_A^g \\ \mathcal{M}_B^{-1}[\hat{X}^g(\alpha)] & \alpha \in \hat{I}_B^g \end{cases} \quad (2-25)$$

由式(2-25)可知，最优 ML 检测的每个子块搜索复杂度为 $O(2^{p_1} M^n)$。当 p_1、n 和 M 较大时，ML 的复杂度呈指数增长，因此在实际应用中不是优选项。

2) LLR 检测

在 O-DM-OFDM-IM 中，子载波上的符号只可能由星座 A 或星座 B 映射，因此可以通过计算最大后验概率的对数似然比(LLR)确定 SIP。LLR 对应的度量函数为

$$\lambda(\eta) = \ln \frac{\displaystyle\sum_{\chi=1}^{M_A} P[X^g(\eta) = X_{A,\chi} \mid Y^g(\eta)]}{\displaystyle\sum_{\delta=1}^{M_B} P[X^g(\eta) = X_{B,\delta} \mid Y^g(\eta)]}$$

$$= \ln(k) - \ln(n-k) + \ln\left\{ \sum_{\chi=1}^{M_A} \exp\left[-\frac{1}{N_{0,F}} |Y^g(\beta) - H^g(\beta) X_{A,\chi}|^2 \right] \right\} -$$

$$\ln\left\{ \sum_{\delta=1}^{M_B} \exp\left[-\frac{1}{N_{0,F}} |Y^g(\beta) - H^g(\beta) X_{B,\gamma}|^2 \right] \right\} \quad (2-26)$$

$\lambda(\eta)$ 的值越大，说明第 g 个子块中第 η 个子载波越可能映射有星座 A 符号。通过选择 k 个相对较大的度量值即可确定子载波调制模式，进而恢复索引比特。同时，通过 SIP 也可将星座 A 和星座 B 映射符号分离，再分别解映射出符号比特。LLR 检测的每个子块搜索复杂度为 $O(2nM)$，即线性复杂度。高 SNR下，LLR 能实现跟最优 ML 相似的性能，但是需要信道先验信息辅助。

3）低复杂度 near-ML 检测

另外，可以在式（2-26）基础上进行优化，得到低复杂度 near-ML 检测，有

$$
\begin{aligned}
(\hat{S}_A, \hat{S}_B, \hat{I}_A, \hat{I}_B) &= \arg\min_{S_A^g, S_B^g, I_A^g, I_B^g} \sum_{\eta=1}^{n} |Y_\eta - H_\eta X_\eta|^2 \\
&= \arg\min_{I_A^g, I_B^g} \sum_{\eta \in I_A^g} \min_{S_{\eta A}} \left[-2\Re(Y_\eta^* H_\eta S_{\eta A}) + |H_\eta S_{\eta A}|^2 \right] + \\
&\qquad \sum_{\eta \in I_B^g} \min_{S_{\eta B}} \left[-2\Re(Y_\eta^* H_\eta S_{\eta B}) + |H_\eta S_{\eta B}|^2 \right]
\end{aligned} \tag{2-27}
$$

定义度量函数

$$
D_\eta = -2\Re(Y_\eta^* H_\eta \hat{S}_{\eta A}) + |H_\eta \hat{S}_{\eta A}|^2 - 2\Re(Y_\eta^* H_\eta \hat{S}_{\eta B}) + |H_\eta \hat{S}_{\eta B}|^2 \tag{2-28}
$$

式中，$\hat{S}_{\eta A}$ 和 $\hat{S}_{\eta B}$ 是 Y_η 的硬判决结果，可以分别表示为

$$
\begin{aligned}
\hat{S}_{\eta A} &= \arg\min_{S_{\eta A} \in \mathcal{M}_A} |Y_\eta - H_\eta S_{\eta A}|^2 \\
\hat{S}_{\eta B} &= \arg\min_{S_{\eta B} \in \mathcal{M}_B} |Y_\eta - H_\eta S_{\eta B}|^2
\end{aligned} \tag{2-29}
$$

于是，最优 ML 可简化为

$$
(\hat{I}_A, \hat{I}_B) = \arg\min_{I_A, I_B} \sum_\eta D_\eta \tag{2-30}
$$

对于每一个符号，near-ML 只需搜索所有 I 的可能实现形式和 M 进制星座信号空间，因此每个子块搜索复杂度为 $O(c+2kM)$。为了进一步降低计算量，可以通过选取 k 个最小的 D_α 值作为 $\hat{I}_A$。与 LLR 相比，near-ML 在保持相当的计算复杂度的同时不需要噪声方差等信道先验信息。

2.2　基于子载波功率索引调制的光纤-可见光混合传输

2.2.1　功率索引调制

子载波功率索引调制使用索引比特确定子载波功率的高低，进而利用高低功率的子载波传输两个互不重叠的星座图符号。这样既可避免传统子载波索引调制中部分子载波空载造成的频谱资源的浪费，又进一步降低了接收机检测的复杂度，提高

了系统的运行效率。子载波功率索引调制 OFDM(SPIM-OFDM)的发送端结构如图 2-3 所示。

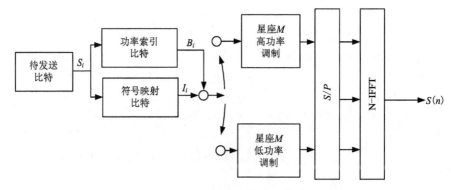

图 2-3　子载波功率索引调制 OFDM 发送端结构

在发送端,待发送的比特信息 S_i 被分成功率索引比特 I_i 和符号映射比特 B_i 两部分。其中,子载波功率状态根据 I_i 携带的信息进行相应的调整,且 I_i 可控制 B_i 的映射方式。符号映射比特 B_i 采用互不重叠且不同功率的调制模式,这样既可避免在 IM-OFDM 调制方案中部分子载波空载造成的频谱资源的浪费,又可以保证在全部子载波被激活的条件下进一步提升 IM-OFDM 的频谱效率。如果功率索引比特 I_i 为 1,则符号映射比特 B_i 使用调制阶数为 M 的调制模式且其子载波功率为高功率;如果功率索引比特 I_i 为 0,则其子载波功率为低功率。因此,经 SIPM-OFDM 调制后的发送端信号 $S(n)$ 可表示为:

$$S(n) = \frac{1}{N} \sum_{k=0}^{N-1} A_k \cdot e^{j\frac{2\pi kn}{N}} \tag{2-31}$$

式中,N 是 SIPM-OFDM 系统中子载波总数目,A_k 为第 k 个子载波上携带的经过映射后的星座符号。

式(2-31)中 A_k 可具体表示为式(2-32)的形式:

$$A_k = \begin{cases} P_a e^{j\varphi_k}, & I_j = 1 \\ P_b e^{j\varphi_k}, & I_j = 0 \end{cases} \tag{2-32}$$

式中,P_a 和 P_b 分别为高、低功率符号映射时的信号功率。下面结合具体的实例加以说明。以 SIPM-OFDM(2, 1)调制方案为例,2 表示 2 种不同功率的映射方式,1 表示 1 位功率索引比特。两种功率索引比特分别对应两种不同功率的映射方式 P_aM 和 P_bM,将功率索引方式与映射方式一一对应起来,形成如表 2-2 所示的索引映射查找表。

表 2-2　SIPM-OFDM(2, 1)索引映射查找表

功率索引比特	映射方式	数据块
1	P_bM	$[X_1, X_2, \cdots, X_M]$
0	P_aM	$[Y_1, Y_2, \cdots, Y_N]$

在表 2-2 中，第一列为功率索引比特，第二列为与功率索引比特相对应的星座符号的映射方式，最后一列为原始信息比特经过 SIPM 调制之后的数据块。为了更加清楚地介绍，下面以一串"110101110101111"数据流为例，假设该系统采用两种不同功率的 8 PSK 调制模式，其发送端的具体映射方式如图 2-4 所示。

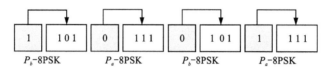

图 2-4　SIPM-OFDM(2, 1)发送端映射框图

由图 2-24 可以看到，每组的第一位为功率索引比特，其用于控制该组中后续比特进行星座调制时所对应的功率类型(高功率或低功率)。具体来说，第一组第一位为"1"，因此第一组后续的"101"比特采用高功率 8-PSK 调制方式进行星座映射；第二组第一位为"0"，因此第二组后续的"111"比特采用低功率 8-PSK 调制方式进行星座映射。

在 SIPM-OFDM 通信系统的接收端，需要同时恢复出功率索引比特与符号映射比特两种信息，因此传统的 OFDM 解调方法不能直接应用于 SIPM-OFDM 系统中，其接收端框图如图 2-5 所示。接收端将接收到的符号在完成去除循环前缀、串并转换、FFT、并串转换等步骤后，与 OFDM 解调方式相比，还需添加解索引调制步骤，之后，再经过解映射步骤恢复出原始比特。

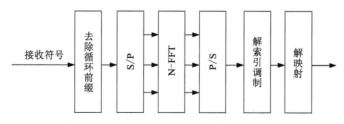

图 2-5　SIPM-OFDM(2, 1)接收端框图

SIPM-OFDM 通信系统的发送端是采用两种不同功率的调制阶数 M。因此，在 SIPM-OFDM 通信系统的接收端可以根据两种星座符号的功率大小检测出对应的子载波上传输的星座符号，再根据查表法查找出子载波上传输的星座符号对应的功率索引比特。目前是采用功率判决法来恢复接收端的信息。

以 SIPM-OFDM(2，1)系统为例，接收端的星座符号可表示为 $X_m = a_1 + b_1 \mathrm{i}$ 与 $Y_n = a_2 + b_2 \mathrm{i}$ 两种形式，即星座符号 X_m 的功率 $P_x = \sqrt{a_1^2 + b_1^2}$，星座符号 Y_n 的功率 $P_y = \sqrt{a_2^2 + b_2^2}$。接收端星座符号的平均功率即功率判决门限 P_{th} 可表示为：$P_{\mathrm{th}} = (P_x + P_y)/2$。SIPM-OFDM(2，1)系统接收端索引解调框图如图 2-6 所示。

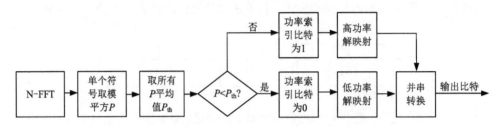

图 2-6　SIPM-OFDM(2，1)系统接收端索引解调框图

FFT 变换之后，对单个符号点取模平方 P，再取所有符号点的模平方的平均值 P_{th}，作为功率判决门限。然后对星座符号的功率与功率判决门限 P_{th} 值进行比较。若接收端符号功率小于 P_{th}，功率索引比特为 0 且对星座符号使用低功率解映射。反之，功率索引比特为 1 且对星座符号使用高功率解映射。完成解索引与解映射步骤后，经并串转换输出原始信息比特。该检测算法复杂度低，接收端结构简单。

2.2.2　光纤-可见光混合通信的关键器件

2.2.2.1　马赫增德尔调制器

马赫增德尔调制器(Mach-Zehnder modulator，MZM)是 PON 组网中的核心器件。MZM 器件的结构原理如图 2-7 所示。

MZM 调制器由一个铌酸锂的衬底和共面型相位调制器构成。在这类调制器中，两个分支的相位调制和基材的电光特征有关，每个分支的相位变化转换为输出光功率的转变，MZM 调制器可以看作由两个相位调制器构成。假设 MZM 调制器上的外部电压分别为 V_1 和 V_2，设 MZM 的输入光场强度为 E_{in}，输出光场强度为 E_{out}。输入的光信号经 V_1 和 V_2 调制后获得的输出光信号为：

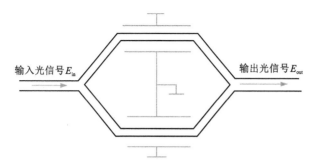

输入光信号 E_{in}　　　　　　　　　　　　　　　　输出光信号 E_{out}

图 2-7　MZM 器件的结构原理图

$$
\begin{aligned}
E_{\text{out}} &= E_{\text{in}}\mathrm{e}^{\mathrm{i}\varnothing} = E_{\text{in}}\big[\mathrm{e}^{\mathrm{i}\varnothing(V_1)} + \mathrm{e}^{\mathrm{i}\varnothing(V_2)}\big] \\
&= E_{\text{in}}\Big\{\mathrm{e}^{\mathrm{i}[\gamma(V_1)+\varphi_1]} + \mathrm{e}^{\mathrm{i}[\gamma(V_2)+\varphi_2]}\Big\} \\
&= E_{\text{in}}\mathrm{e}^{\frac{\mathrm{i}[\gamma(V_1)+\varphi_1]+\mathrm{i}[\gamma(V_2)+\varphi_2]}{2}} \times \Big\{\mathrm{e}^{\frac{\mathrm{i}[\gamma(V_1)+\varphi_1]-\mathrm{i}[\gamma(V_2)+\varphi_2]}{2}} + \mathrm{e}^{\frac{-\mathrm{i}[\gamma(V_1)+\varphi_1]+\mathrm{i}[\gamma(V_2)+\varphi_2]}{2}}\Big\} \\
&= 2E_{\text{in}}\mathrm{e}^{\frac{\mathrm{i}[\gamma(V_1)+\varphi_1]+\mathrm{i}[\gamma(V_2)+\varphi_2]}{2}}\cos\Big\{\frac{\mathrm{i}[\gamma(V_1)+\varphi_1]-\mathrm{i}[\gamma(V_2)+\varphi_2]}{2}\Big\}
\end{aligned}
\tag{2-33}
$$

式中，$\gamma(V_1)$ 表示 MZM 调制器外部电压为 V_1 时，直流偏置电压随着光相位变化的关系量；$\gamma(V_2)$ 表示 MZM 调制器外部电压为 V_2 时，直流偏置电压随着光相位变化的关系量；φ_1 表示 MZM 调制器外部电压为 V_1 时，调制电压幅度随着光相位变化的关系量；φ_2 表示 MZM 调制器外部电压为 V_2 时，调制电压幅度随着光相位变化的关系量。当出现 $\gamma(V_1)+\gamma(V_2)=0$ 与 $\varphi_1+\varphi_2=0$ 的情况时，式(2-33)中的 $\mathrm{e}^{\frac{\mathrm{i}[\gamma(V_1)+\varphi_1]+\mathrm{i}[\gamma(V_2)+\varphi_2]}{2}}$ 为 1，这种情况下，MZM 调制器可利用幅度值进行调控。通常情况下，$\beta(V)=k_1V$，$\varphi=k_2V_b$，其中，V 是输入调制电压，V_b 是直流偏置电压。则式(2-33)为：

$$
E_{\text{out}} = E_{\text{in}}\mathrm{e}^{\frac{\mathrm{i}[k_1(V_1+V_2)+k_2(V_{b1}+V_{b2})]}{2}}\cos\Big\{\frac{\mathrm{i}[k_1(V_1-V_2)+k_2(V_{b1}-V_{b2})]}{2}\Big\}
\tag{2-34}
$$

由式(2-34)可以看出：若改动 MZM 调制器的外部调制电压，则其相位也随之改变；若改动 MZM 调制器的直流偏置电压，则其幅度也随之改变。在 $V_1=V_2$ 且 $V_{b1}=V_{b2}$ 时，式(2-34)中 $\cos\Big\{\dfrac{\mathrm{i}[k_1(V_1-V_2)+k_2(V_{b1}-V_{b2})]}{2}\Big\}$ 为 1，此时 MZM 调制器相当于相位调制器；当 $V_1=-V_2$ 且 $V_{b1}=-V_{b2}$ 时，$\mathrm{e}^{\frac{\mathrm{i}[k_1(V_1+V_2)+k_2(V_{b1}+V_{b2})]}{2}}$ 为 1，此时 MZM 调制器相当于幅度调制器。在本章的 PON-VLC 异构系统的仿真实验中，将 MZM

调制器的外部调制电压与直流偏置电压的值设置为绝对值相等的相反数，使之随着光信号功率参数的变化进行相应的光信号处理。

2.2.2.2 VCSEL 激光器

1. Lang-Kobayashi(L-K)速率方程

Lang R 与 Kobayashi 等首次对外部光反馈的半导体激光器性能的影响进行建模分析，并提出了 Lang aided Kobayashi(L-K)速率方程公式，公式的具体形式如式(2-35)~式(2-37)所示。

$$\frac{\mathrm{d}E(t)}{\mathrm{d}t} = \frac{1}{2}\left(C - \frac{1}{l_p}\right)(1+ib)E(t) \qquad (2-35)$$

$$\frac{\mathrm{d}D(t)}{\mathrm{d}t} = \frac{I}{q} - \frac{D(t)}{l_n} - CPE(t)P^2 \qquad (2-36)$$

$$C = \frac{h[D(t)-D_o]}{1+a\,|E(t)|^2} \qquad (2-37)$$

式(2-35)~式(2-37)中，$E(t)$ 表示光信号的振幅；$h[\ ]$ 表示 $[\ ]$ 中数值的微分增益系数；i 表示 VCSEL 激光器设备的偏置电流；$D(t)$ 表示 VCSEL 激光器中载流子的密度；l_p 表示光子生存时间；l_n 表示载流子生存时间；q 表示电子的电荷量；b 表示光信号线宽的增强因子；D_o 表示透明载流子总数量；C 表示 VCSEL 激光器中光信号的增益常数；a 表示 VCSEL 激光器非线性增益系数。

式(2-35)~式(2-37)能表示理想状态下 VCSEL 激光器的输出特征。但如果存在二向色性与双折射效应干扰的情况，VCSEL 激光器会在工作时产生偏振分量 x 与偏振分量 y，虽然偏振分量很小，但是如果满足 $|E(t)|^2 = |E_x(t)|^2 + |E_y(t)|^2$ 的关系，同时 x 与 y 很容易发生跳变，在发生跳变的同时，VCSEL 激光器发生的这种模式跳变的行为被称作偏振开关效应。在分析 VCSEL 激光器的输出特性时，进一步将偏振分量对 VCSEL 激光器的影响考虑进 L-K 速率方程中，则修改后的速率方程如式(2-38)~式(2-40)所示：

$$\frac{\mathrm{d}E_{x,y}}{\mathrm{d}t} = \frac{1}{2}(1+ia)\left(C_{x,y} - \frac{1}{l_p}\right)E_{x,y} \qquad (2-38)$$

$$\frac{\mathrm{d}D(t)}{\mathrm{d}t} = \frac{1}{qS} - \frac{D}{l_n} - C_x\,|E_x|^2 - C_y\,|E_y|^2 \qquad (2-39)$$

$$C_{x,y} = \frac{\Gamma V_g g_{x,y}[D(t)-D_o]}{1+\varepsilon_{\mathrm{DL}}^{S,G}\,|E_y|^2+\varepsilon_{\mathrm{DL}}^{G,S}\,|E_x|^2} \qquad (2-40)$$

式(2-38)~式(2-40)中，下标 x 和 y 分别表示在 x 和 y 偏振模式下的分量；上标 G 表示 VCSEL 激光器的自增益系数，上标 S 表示 VCSEL 激光器的交叉增益压缩因子；E 表示光信号振幅；α 表示线宽增强常数；C 表示 VCSEL 激光器中光信号的增益常数；l_p 表示光子生存时间；l_n 表示载流子生存时间；D 表示 VCSEL 激光器中载流子的密度；D_o 表示透明载流子总数量；I 表示偏置电流；q 表示元电荷电量；S 表示 VCSEL 激光器中有源层体积；Γ 表示限制因子；V_g 表示光信号的群速度；$\varepsilon_{DL}^{S,\,G}$ 与 $\varepsilon_{DL}^{G,\,S}$ 都表示在光信号的增益常数为 C、交叉增益压缩因子为 S、载流子的密度为 D 时的非线性增益系数；g_x 和 g_y 分别表示微分增益系数在 x 和 y 偏振模式下的分量，可表示为：

$$g_x = g_y \left[1 + \eta_{sw} \left(1 - \frac{1}{I_{sw}} \right) \right], \; g_y = g \tag{2-41}$$

式中，η_{sw} 表示增长系数；I_{sw} 表示偏振阶跃电流。当 VCSEL 激光器在复杂的环境中工作时，这种模型就不再适合去分析 VCSEL 激光器的输出特性。

2. 自旋反转模型

20 世纪 90 年代，M. San Miguel 等学者针对 L-K 速率方程的局限性，提出一种自旋反转模型（spin-flip model，SFM），从量子力学角度出发并模拟了 VCSEL 激光器的光输出特性。VCSEL 激光器的模型分析图如图 2-8 所示。

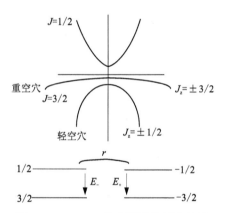

图 2-8 VCSEL 激光器的模型分析图

从图 2-8 可以看出：在导带电子角动量 $J=1/2$ 时，导带和价带带隙区域附近动量为零，考虑自旋转时，自旋分裂带的角动量 $J=-1/2$。总角动量 $J=3/2$ 时，VCSEL 激光器材料中带隙区域存在的轻、重空穴为简并态。但是角动量 $J_z=\pm 3/2$ 时，其量子阱 z 方向的量子受到限制，从而破坏了这种简并态，导致 VCSEL 激光器出现重空穴带能量较高的情况。

VCSEL 激光器光出射方向如图 2-9 所示。这种情况下，只需要考虑重空穴与导带之间在跃迁过程中产生的高能量。这种跃迁存在两种情况：①右旋偏振光，从 $J_z=-1/2$ 跃迁到 $J_z=-3/2$，此时对应的能量差值 $\Delta J_z=-1$；②左旋偏振光，

从 $J_z = 1/2$ 跃迁到 $J_z = 3/2$,此时对应的能量差值 $\Delta J_z = 1$。VCSEL 激光器中矢量电场的单纵模的公式为:

$$E' = [E_x(x, y, t)x' + E_y(x, y, t)y']e^{(ikz-ivt)} + c.c. \tag{2-42}$$

$$E_{\pm} = \frac{1}{\sqrt{2}}(E_x \pm iE_y) \tag{2-43}$$

式(2-42)中,E_x、E_y 分别是慢变电场中沿 X 方向、Y 方向的场强。在式(2-43)中,$E_{\pm}$ 分别为左旋和右旋光慢变电场的场强。

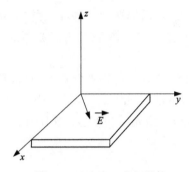

图 2-9 VCSEL 几何结构

对式(2-43)进一步微分得到麦克斯韦-布洛赫(Maxwell-Bloch)方程,即

$$\frac{dE_{\pm}}{dt} = -kE_{\pm} + k(1+i\alpha)(D \pm n)E_{\pm} \tag{2-44}$$

$$\frac{dD}{dt} = -\gamma_e(D-\mu) - \gamma_e(D+n)|E_+|^2 - Y_e(D-n)|E_-|^2 \tag{2-45}$$

$$\frac{dn}{dt} = -\gamma_x n - \gamma_e(D+n)|E_+|^2 + \gamma_e(D-n)|E_-|^2 \tag{2-46}$$

式中,D 表示 VCSEL 激光器载流子的总数量;n 表示载流子数差。向上载流子数 N_+ 和向下载流子数 N_- 的关系为:$N = N_+ + N_-$,$n = N_+ + N_-$。联立式(2-44)~式(2-46)并进行化简得到:

$$\frac{dE_{x,y}}{dt} = v(1+i\rho)(DE_{x,y} - E_{x,y} \pm inE_{x,y}) \mp (\gamma_\alpha + i\gamma_\rho)E_{x,y} \tag{2-47}$$

$$\frac{dD}{dt} = -\gamma_e D(1+|E_x|^2 + |E_y|^2) - i\gamma_e n(E_y E_x^* - E_x E_y^*) \tag{2-49}$$

$$\frac{dn}{dt} = -\gamma_x n - \gamma_e n(|E_x|^2 + |E_y|^2) - i\gamma_e n(E_y E_x^* - E_x E_y^*) \tag{2-49}$$

式(2-47)~式(2-49)表示的是一般情况下的 VCSEL 激光器的 SFM 建模分析。

式中，γ_ρ 表示 VCSEL 激光器中源介质线性双折射效应；ρ 表示线宽增强常数；v 表示光场强的衰减速率；γ_α 为二向色性系数。

通过与之前的 L-K 模型对比，可以发现 SFM 模型不仅考虑了色散因素，还通过二向色性因素对 VCSEL 输出偏振特性产生影响。因此 SFM 模型更能代表 VCSEL 的偏振输出特性，但其运算的复杂度要高于 L-K 模型。因而在研究 VCSEL 的相关输出特性时，需要结合实际应用问题来选择 VCSEL 的具体分析模型。考虑 PON-VLC 异构系统中色散对误码性能的影响，在本章中选取 SFM 模型进行 VCSEL 器件的研究。

2.2.2.3　光电探测器

光电探测器(photoconductive detector, PD)是光通信系统的核心器件，其主要功能是将光通信系统接收端的光信号转换成电信号。PD 器件中的灵敏度、暗电流、带宽等特性参数将会直接影响 PON-VLC 异构通信系统的总体性能。在 PON-VLC 异构系统通信传输中，因为发送端的光信号经过光纤长距离的传输及自由空间信道的传输，光信号发生衰减并伴有失真，所以对光电二极管的性能参数要求很高。

灵敏度：光电检测器产生的入射光与电流之间的光功率的比值。其表达式如下：

$$R = \frac{I}{P} = \frac{\lambda\eta}{1.24} \qquad (2\text{-}50)$$

式中，I 表示 PD 器件产生的光电流；P 表示入射光功率；λ 代表光信号波长；η 代表光纤检测器的量子效应。

量子效率：PD 器件内部的载入流子的数量和入射光子的数量的比值，又称光电检测器内部的微观灵敏特性。其表达式如下：

$$\eta = \frac{I_P/e_0}{p_0/hv} = (1-R)p_0 e^{-\partial w_1}\left[1-e^{-\partial w}\right] \qquad (2\text{-}51)$$

式中，I_P 表示入射率为 p_0 时产生的光电流；e_0 表示电子电荷；h 表示普朗克常量；v 表示光频；R 表示灵敏度；w_1 表示零点场表面的厚度；w 表示耗尽区厚度。

暗电流：指在没有光照的条件下，由光电二极管输出的反向电流。暗电流的大小随着 PD 器件材料的不同而不同，如由 Si 制造的 PD 器件，其暗电流小于或等于 1 nA。若其制造材料是 Ge，其暗电流值往往达到几百纳安，其中，InGaAs 光电二极管在长波段暗电流较小。

根据以上分析可知，在选取 PD 器件时要注意以下几点：

(1)可以在光电检测器表面镀上一层反射膜，以降低光敏面的光反射损失，从而提高 PD 的量子效率；

(2)光电检测器的光敏面要尽量做得很薄，以降低光生载流子复合的概率，让大部分光生载流子顺利到达耗尽区；

(3)应保证有足够宽的耗尽区，耗尽区越宽，电子空穴对就越容易出现，光生电流就越易产生。

2.2.3 传输链路模型

2.2.3.1 光纤链路

在光纤链路中，通常考虑衰减、色散以及非线性效应对光信号的影响，这三种影响可用非线性薛定谔微分方程表示：

$$j\frac{\partial A}{\partial Z}+\frac{jl}{2}A+\frac{D_2}{2}\frac{\partial^2 A}{\partial T^2}-\frac{jD_3}{6}\frac{\partial^3 A}{\partial T^3}+\alpha|A|^2A=0 \tag{2-52}$$

式中，A 表示脉冲信号的慢变幅度；D_2 表示一阶色散系数；D_3 表示二阶色散系数；α 表示光纤链路的非线性系数；l 表示光纤链路的损耗系数。

为了补偿光纤链路中衰减、色散以及非线性效应对光信号的影响，应在光信号进入光纤链路之前增加光放大器，并且在 PD 检测后增加自动增益控制放大器。光纤链路信道传输模型如图 2-10 所示。

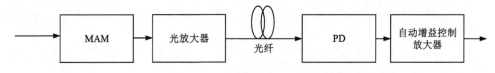

图 2-10　光纤链路信道传输模型

从图 2-10 可以看出，经过光放大器的光信号幅度得到增加，因此可以有效地抵抗光纤链路中的衰减。经过光纤传输和 PD 检测后的电信号，再经过自动增益控制放大器，可对电信号进行非线性补偿。

2.2.3.2 FSO 链路

这里简单介绍下可见光通信系统的链路传输模型，如图 2-11 所示。

由调制过后的电信号驱动光源生成的光信号经过自由空间光（free space optical, FSO）信道传输后，在接收端的光信号由 PD 检测并生成电信号，电信号经过放大器放大，再经过解调恢复出原始信息。由于大气中的粒子对可见光信道中光信号的吸收和散射效应的影响，光信号通过大气信道后其幅度及相位都发生极大的改变。

图 2-11　可见光通信系统的链路传输模型

在 FSO 链路中传输的光信号的直接路径和散射路径如图 2-12 所示。

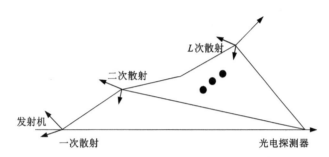

图 2-12　FSO 链路中传输的光信号的直接路径和散射路径

可以看出 FSO 链路中包含一条直接到达 PD 的路径，因此可以在可见光通信系统的接收端接收到发送端的光信号，但光信号的幅度会出现相应的衰减。但是 VCSEL 发出的光信号在 FSO 链路传输时，会从其他散射路径到达 PD，这是因为大气中的各类粒子会对在 FSO 链路中传输的光信号产生多次散射作用，因而改变光信号传输方向，但最终会有一些散射路径的光信号到达 PD。一般来说，发送端的直达信号和部分多径散射信号都会到达接收机，但是多径散射信号总是滞后于直达信号，且振幅比直达信号弱。接收信号 S_{re} 可表示为：

$$S_{re} = a_i X_{out}(t-\tau_i)' = a_1 X_{out}(t-\tau_1) + a_2 X_{out}(t-\tau_2) + \cdots + a_i X_{out}(t-\tau_l) \quad (2-53)$$

式中，$a = [a_1, a_2, \cdots, a_l]$ 为各个散射路径的幅度系数；X_{out} 为发送端的信号；$\tau = [\tau_1, \tau_2, \cdots, \tau_l]$ 为各个散射路径相对于直达路径接收端信号的滞后时间。

因为直达路径上的光信号比散射路径上的光信号先到达接收机，这种情况在接收端处，将表现为接收到的光信号比发送端光信号有更大的带宽。大气介质对发送端的激光信号的散射影响越严重，散射路径的延迟就越久，光信号的频带就越宽。

2.2.4 系统仿真

基于子载波功率索引调制的可见光 PON 混合传输系统如图 2-13 所示。在发送端，待发送比特 m_i 分为两部分：功率索引比特 B_i 和星座映射比特 I_i，功率索引比特用于控制子载波功率的大小及星座映射比特 I_i 的映射方式。经过子载波功率调制后的星座映射符号，通过 OFDM 信号生成器，生成 SIPM-OFDM 数据信号，再经过厄米特对称操作后变换成适合在光通信系统中传输的单极性信号。生成的单极性信号经过 IFFT、串并转换后，通过 MZM 外部调制器调制成适合在光纤上传输的 SIPM-OOFDM 光信号。

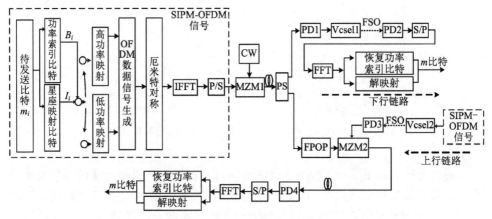

图 2-13 基于 SIPM-OFDM 的可见光 PON 混合传输系统

在接收端，SIPM-OOFDM 光信号经过分光器(optical splitter, PS)分成上行和下行两路等同的光信号。下行链路中的 SIPM-OOFDM 光信号通过电检测器(PD1)转换成 SIPM-OFDM 电信号，随后通过红光垂直腔面激光器(VCSEL1)直接调制成 SIPM-OOFDM 可见光信号，经过自由空间信道传输后，接收到的 SIPM-OOFDM 可见光信号被光电检测器(PD2)转换成 SIPM-OFDM 电信号。该信号经过 FFT 等步骤处理后，通过功率判决检测出功率索引比特和星座映射比特。在上行链路中，采用法布里-珀罗光带通滤波器(fabry-perot optical filter, FPOF)滤出分光器 PS 输出的光信号的中心载波，将其用于调制上行链路中 SIPM-OFDM 电信号的光载波。由垂直腔面发射激光器(VCSEL2)直接调制 SIPM-OFDM 电信号，产生 SIPM-OOFDM 可见光信号，该信号经过距离为 5 m 的可见光传输后到达光电检测器(PD3)，再由 PD3 将接收到的光信号转换成 SIPM-OFDM 电信号，最后 SIPM-OFDM 电信号通过马赫-曾德尔调制器(MZM2)调制到由 FPOF 滤出的光载波上，并通过上行链路的标准单模光纤传输。

系统仿真基于 MATLAB2016a 和 Optisystem 平台实现，系统装置如图 2-14 所示，仿真参数如表 2-3 所示。

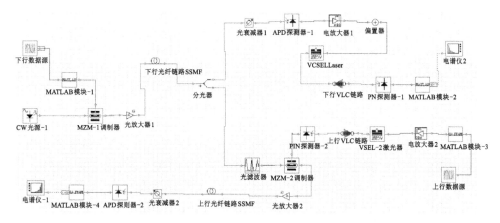

图 2-14　基于 SIPM-OFDM 的 PON-VLC 异构系统仿真图

表 2-3　系统仿真参数设置

器件	参数	值
SIPM-OFDM 信号	IFFT/FFT 点数	2048
	调制格式	高/低功率 8 PSK
	伪随机序列长度	50000 bit
	比特率	8 Gbps
	高/低功率比值	2.5
外腔激光器	中心频率	193.1 THz
	线宽	0.1 MHz
	消光比	30 dB
马赫-曾德尔调制器	衰减系数	0.2 dB/km
	对称因子	−1
标准单模光纤	色散系数	10 ps/(nm·km)
	差分群时延	0.07 ps
光电检测器	灵敏度	1 A/M
	暗电流	10 nA

续表2-3

器件	参数	值
自动增益控制放大器	噪声系数	6 dB
	输入噪声密度	$4×10^{-21}$ W/Hz
可见光信道	衰减	205 dB/km
垂直腔面发射激光器	波长	680 nm
	工作温度	20 ℃

在发送端，CW 光源中心频率为 193.1 THz，线宽为 0.1 MHz。待发送比特分为功率索引比特和星座映射比特。星座映射比特采用高功率 8 PSK 和低功率 8 PSK 两种映射方式，比特速率为 8 Gbps。由 MATLAB 离线生成 SIPM-OFDM 电信号，该电信号频谱如图 2-15(a) 所示。用离线生成的 SIPM-OFDM 电信号调制一个消光比为 30 dB 的 MZM 外部调制器，调制成 SIPM-OOFDM 光信号。采用一个增益和噪声系数分别为 9.41 dB 和 4 dB 的光放大器(OA1)放大 SIPM-OOFDM 光信号。

接下来进行 35 km 的标准单模光纤(SSMF)的下行链路传输，光纤衰减和色散系数分别是 0.2 dB/km 和 10 ps/(nm·km)。在系统接收端，SIPM-OOFDM 光信号经过 1∶1 的 PS 分成上行和下行两路等同的光信号。

在下行链路中，SIPM-OOFDM 光信号光谱如图 2-15(d) 所示，为了进行系统性能分析，采用一个可变光衰减器(VOA1)改变 SIPM-OOFDM 光信号的功率大小。经过 35 km 的标准单模光纤传输后，SIPM-OOFDM 光信号到达光电检测器(PD1)并转换成 SIPM-OFDM 电信号。在经过波长 680 nm、工作温度 20 ℃ 的垂直腔面发射激光器(VCSEL1)之前，需要通过自动增益控制放大器(AGC1)来增加 SIPM-OFDM 电信号的电压值，并采用电偏置器(Bias1)调制 SIPM-OFDM 电信号的偏置电压，将 SIPM-OFDM 电信号调制到适合在 VCSEL1 线性区工作。VCSEL1 发出的 SIPM-OOFDM 可见光信号经过距离 5m、衰减 20.5 dB/km 的自由空间光(FSO)传输后，被送入光电检测器(PD2)转换成 SIPM-OFDM 电信号。光电检测器(PD2)产生的 SIPM-OFDM 电信号频谱如图 2-15(b) 所示。比较图 2-15(b) 与图 2-15(a) 可以看出，下行链路接收端的 SIPM-OFDM 电信号存在幅度衰减情况，但信号并未出现失真。SIPM-OFDM 电信号最后由 MATLAB 离线解调和检测。

在上行链路中，中心频率为 193.1THz 的法布里-珀罗光带通滤波器滤出从 PS 中分离出的信号中心光载波，并将其作为上行链路中 SIPM-OFDM 电信号的光载波。其中心频率和系统发送端的外腔激光器(CW)的中心频率相同，光载波频

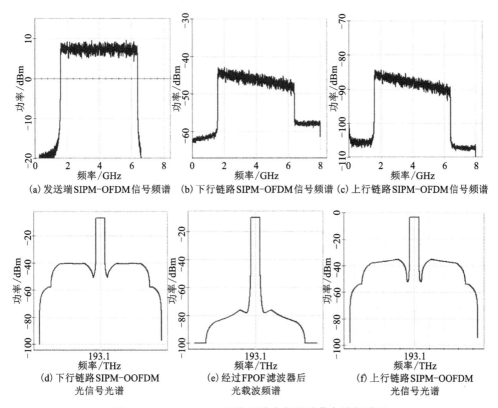

(a) 发送端SIPM-OFDM信号频谱 (b) 下行链路SIPM-OFDM信号频谱 (c) 上行链路SIPM-OFDM信号频谱

(d) 下行链路SIPM-OOFDM
光信号光谱

(e) 经过FPOF滤波器后
光载波频谱

(f) 上行链路SIPM-OOFDM
光信号光谱

图 2-15　PON-VLC 异构系统中各测试节点的频谱图

谱如图 2-15(e)所示。由 MATLAB 离线产生的 SIPM-OFDM 电信号，经自动增益控制(AGC2)放大器放大后，再经过一个电偏置器(Bias2)将电信号调制到合适的偏置电压，经过调整后的 SIPM-OFDM 电信号经过 680 nm 的垂直腔面发射激光器(VCSEL2)线性区生成 SIPM-OOFDM 可见光信号，经过 5 m 自由空间光传输后，到达接收端的光电检测器(PD3)端，SIPM-OOFDM 可见光信号经过 PD3 转换成 SIPM-OFDM 电信号。最后通过马赫-曾德尔调制器(MZM2)将 SIPM-OFDM 电信号调制到 FPOF 滤出的光载波上。上行链路的 SIPM-OOFDM 光信号的光谱如图 2-15(f)所示。SIPM-OOFDM 光信号通一个增益和噪声系数分别为 9.122 dB 和 4 dB 的光放大器(OA2)增加发射功率，从而抵抗 35 km 标准单模光纤传输中的衰减情况。到达接收端的光信号采用可变光衰减器(VOA2)改变上行 SIPM-OOFDM 光信号的接收光功率，以便用于后面实验的仿真分析。最后，到达光电检测器(PD4)的 SIPM-OOFDM 光信号，被转换成 SIPM-OFDM 电信号，由 MATLAB 离线解调。上行链路的信号频谱如图 2-15(c)所示，可以看出信号并未出现失真。

2.2.5 传输性能分析

图 2-16 为高功率 8 PSK/低功率 8 PSK 的星座图, 其中图 2-16(b) 和图 2-16(c) 分别为上行和下行链路的接收信号星座图。不难看出, 经过 35 km 标准单模光纤、5 m 自由空间的上下行链路双向传输后, 星座图相邻两点的区分很明显, 且星座图的旋转都很小。

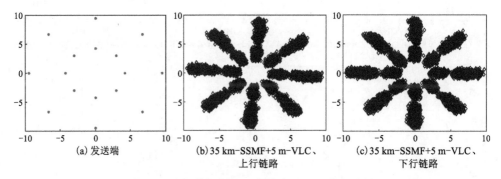

(a) 发送端   (b) 35 km-SSMF+5 m-VLC、上行链路   (c) 35 km-SSMF+5 m-VLC、下行链路

图 2-16　高功率 8 PSK/低功率 8 PSK 的星座图

仿真比较子载波功率索引调制的高、低功率比值对传输性能的影响, 其功率比-误码率曲线如图 2-17 所示。从图中可以看出, 当 SIPM-OFDM 信号的高功率与低功率比值为 2.5 时, 系统的误码率最低。功率比小于 2.5 时, 误码率随功率比增加而降低, 这是因为功率比的增加会导致 SIPM-OFDM 星座点之间的欧氏距离增加, 其抗干扰性能也会增加, 因此误码率降低。功率比大于 2.5 时, 误码率随功率比增加而增加, 这是因为受到 PON-VLC 系统的器件性能影响, 其最大功率不能超过 PON-VLC 系统器件线性范围。故当最大功率一定时, 要想增加 SIPM-OFDM 信号的高功率与低功率的比值, 只能不断降低 SIPM-OFDM 信号中低功率映射符号的功率, 导致其低功率映射符号星座点之间的欧氏距离减小, 抗干扰能力不断降低。

为验证 SIPM-OFDM 系统的传输性能, 仿真比较其与传统 OFDM 调制的上行/下行链路光纤距离-误码率曲线, 如图 2-18 所示。从图中可以看出, 误码率随光纤距离的增加而增加, SIPM-OFDM 的误码性能要优于传统 OFDM 调制方式。其原因在于 SIPM-OFDM 采用类似两种调制格式的融合, 星座点是传统 OFDM 调制星座点数目的 2 倍, 其抵抗子载波干扰能力及 PAPR 要优于传统 OFDM 调制。此外, SIPM-OFDM 上行链路的光纤距离 70 km 处与下行链路的光纤距离 65 km 处, 误码率跳跃式增加。这是因为随着光纤距离的增加, 光信号衰减程度越来越高, 最终高功率调制星座点与低功率调制星座点发生重叠, 从而降低了接收端解

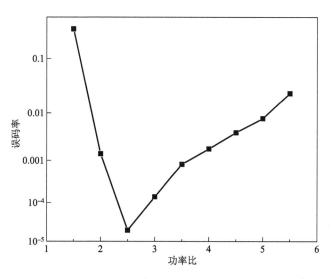

图 2-17　功率比–误码率曲线

调的功率判决算法精确度，导致功率索引检测时出现误判。因此在光纤 75 km 处，SIPM-OFDM 的误码率要略高于传统 OFDM 调制。

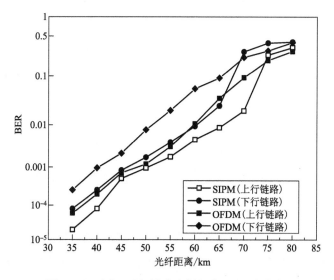

图 2-18　上行/下行链路光纤距离–误码率曲线

为分析混合链路对系统传输性能的影响，测试了上行/下行链路接收端光功率-误码率曲线,如图2-19所示。上行链路中,SIPM-OFDM 信号经 35 km-SSMF +5 m-VLC 链路传输后,误码率为 10^{-3} 时,功率代价小于 2 dB。下行链路中误码率为 10^{-3} 时,功率代价小于 1 dB。

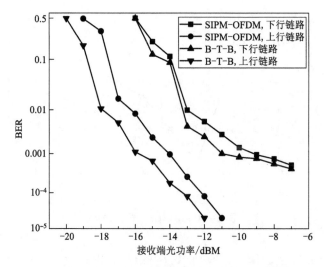

图 2-19　上行/下行链路接收端光功率-误码率曲线

2.2.6　频谱效率

下面分析 SIM-OFDM、SPIM-OFDM 及传统 OFDM 三种调制系统的频谱效率。假设该系统包含 N 个子载波与 N_p 个循环前缀,将子载波分为 G 组,且每组包含 k 个子载波,则 $G=N/k$,每个组又激活 l 个子载波。传统 OFDM 调制的频谱效率为:

$$\eta_{OFDM} = \frac{(k-2) \times \log_2 M}{N+N_P} \qquad (2-54)$$

不难看出传统 OFDM 调制的频谱效率仅与调制阶数 M 有关。

SIM-OFDM 的频谱效率为:

$$\eta_{SIM} = \frac{G \cdot \{\lfloor \log_2 [C(k, l)] \rfloor + l \times \log_2 M\}}{N+N_p} \qquad (2-55)$$

从式(2-55)可以看出,SIPM-OFDM 调制的频谱效率不仅与调制阶数 M 有关,也与激活子载波数 l 有关。调制阶数 M 和激活子载波数 l 越大,该系统的频谱效率就越高;反之,该系统的频谱效率就越低。

SIPM-OFDM 调制方案中,每一个 OFDM 符号可传输 1 比特的功率索引信息

和 $\log_2 M$ 比特的符号信息，因此 SIPM-OFDM 的频谱效率可以表示为：

$$\eta_{\text{SIPM}} = \frac{(N-2) \cdot (1+\log_2 M)}{N+N_p} \tag{2-56}$$

不难看出 SIPM-OFDM 调制的频谱效率仅与调制阶数 M 有关。

为比较 SIM-OFDM、SIPM-OFDM 和传统 OFDM 的频谱效率，设置如表 2-4 所示的仿真参数。三种调制方式的子载波数和调制阶数 M 相同，其中 SIM-OFDM 中的激活子载波数是子载波总数的 1/2。三种调制方式的频谱效率比较如图 2-20 所示，从图中可以看出，调制阶数 M 相同时，SIPM-OFDM 频谱效率最高，传统 OFDM 次之，SIM-OFDM 频谱效率最低。

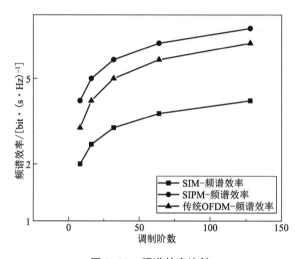

图 2-20 频谱效率比较

表 2-4 仿真参数

参数	SIM-OFDM	传统 OFDM	SIPM-OFDM
子载波数	2048	2048	2048
有效子载波数	1024	2048	2048
组数 G	512	1	1
每组子载波数 n	4	2048	2048
每组激活子载波数 l	2	2048	2048
调制格式	8 PSK	8 PSK	高/低功率 8 PSK

2.3　基于子载波索引-功率联合调制的光纤-可见光混合传输

2.3.1　索引-功率联合调制

子载波索引-功率联合调制 OFDM 方案发送端模型如图 2-21 所示。

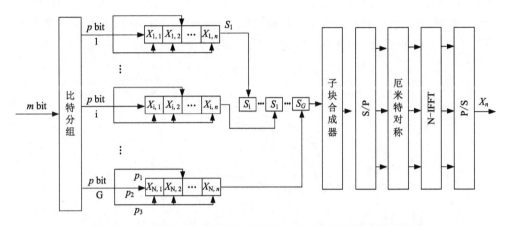

图 2-21　子载波索引-功率联合调制的 OFDM 方案发送端模型图

首先，将输入的原始信息比特 m bit 平均分为 G 组，每组由 n 个子载波构成并携带 p 比特信息。其中 p 比特分为三部分：位置索引比特 p_1、功率索引比特 p_2、星座映射比特 p_3。位置索引比特 p_1 用来选择传输星座映射比特 p_3 子载波的位置序号组合，功率索引比特 p_2 用来控制在位置索引比特 p_1 选择下的子载波的功率，星座映射比特 p_3 根据位置索引比特 p_1 与功率索引比特 p_2 的状态，选择相应的映射方式。经过子载波索引-功率联合调制后的数据符号经过子块合成器生成数据块，再经过串并转换、厄米特对称、N-IFFT、并串转换等步骤后生成发送信号 X_n。

各子块可以表示为：$S_i = [X_{i,1}, X_{i,2}, X_{i,3}, \cdots, X_{i,n}]$，$i = 0, 1, 2, \cdots, n$。从而发送信号可以写成：

$$S = [S_1, S_2, S_3, \cdots, S_i, \cdots, S_N] \tag{2-57}$$

式中：S_i 表示经过映射后生成的星座符号，S 表示在该系统所有载波上的信号。子载波索引-功率联合调制 OFDM 系统中可传输的总比特数为 $p_1 + p_2 + p_3$，其中，p_1 部分所含比特数 $B_1 = G \times \lfloor \log_2 [C(n, l)] \rfloor$，$n$ 为每组子载波包含的载波数，l 表示每组子载波中携带调制阶数为 M_A 星座符号的载波数；p_2 所含比特数 $B_2 = G \times \lfloor \log_2 k \rfloor$，式中，$k$ 为该系统中的子载波功率类别数，$\lfloor x \rfloor$ 表示不大于 x 的最大的整数。p_3 所含比特数为 $B_3 = G \times [l \times \log_2 M_A + (n-l) \times \log_2 M_B]$。每帧 OFDM 所包含的比特数为：

$$P = G(p_1 + p_2 + p_3)$$
$$= G\{\lfloor \log_2 [C(n, l)] \rfloor + \lfloor \log_2 k \rfloor + l \times \log_2 M_A + (n-l) \times \log_2 M_B\} \quad (2\text{-}58)$$

下面以子载波索引-功率联合调制 OFDM(4, 2)方案为例。其中 4 表示 4 个子载波为一块，2 表示该调制方案采取两种不同功率的映射方式。其位置索引比特与功率索引比特同样可以使用查表的方法获得，如表 2-5 所示。

表 2-5　子载波索引-功率联合调制符号映射

位置索引比特	功率索引比特	载波物理位置	映射方式				数据子块
00	0	1&2	$P_l M_a$	$P_l M_a$	$P_h M_b$	$P_h M_b$	S_α
	1		$P_h M_a$	$P_h M_a$	$P_l M_b$	$P_l M_b$	S_β
01	0	2&3	$P_h M_b$	$P_l M_a$	$P_l M_a$	$P_h M_b$	S_α
	1		$P_l M_b$	$P_h M_a$	$P_h M_a$	$P_l M_b$	S_β
10	0	3&4	$P_h M_b$	$P_h M_b$	$P_l M_a$	$P_l M_a$	S_α
	1		$P_l M_b$	$P_l M_b$	$P_h M_a$	$P_h M_a$	S_β
11	0	1&4	$P_l M_a$	$P_h M_b$	$P_h M_b$	$P_l M_a$	S_α
	1		$P_h M_a$	$P_l M_b$	$P_l M_b$	$P_h M_a$	S_β

子载波索引-功率联合调制 OFDM(4, 2)每个子载波块中，包含 4 个子载波，根据排列组合，需要 2 个位置索引比特，因此，一块子载波输入的位置索引比特 $p_1 = 2$。在该传输方式中存在两种功率不同的映射方式且假设映射方式为高/低功率 $(P_h/P_l) M_a$ 与 M_b，根据排列组合，一块子载波输入的功率映射比特 $p_2 = 1$，假设该系统的映射方式为 QPSK，则每一条子载波又可携带 $\log_2 4 = 2$ bit，因此一块子载波输入的星座映射比特 $4p_3 = 8$。故在子载波索引-功率联合调制 OFDM(4, 2)方案的每个子载波块中，可传输 $P = p_1 + p_2 + 4p_3 = 11$ bit。假设该系统采用高/低功率 QPSK 的映射方式，生成的星座图如图 2-22 所示。

从图 2-22 中可以看出，经过高/低功率 QPSK 映射后存在两种星座图，且每种图的星座点互不重叠。

子载波索引-功率联合调制 OFDM 系统接收端框图如图 2-23 所示。在系统接收端，接收到的信号经过 S/P 与 N-FFT 等步骤后，进行子载波索引-功率多维解调，依次恢复出位置索引比特、功率索引比特与星座映射比特。子载波索引-功率联合调制 OFDM 具体解映射方式如图 2-24 所示。

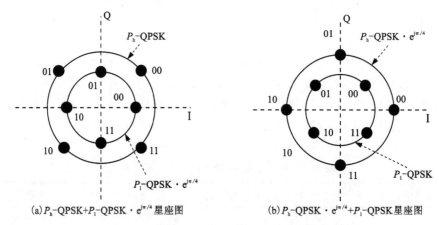

(a) P_h-QPSK+P_l-QPSK·$e^{j\pi/4}$星座图　　　　(b) P_h-QPSK·$e^{j\pi/4}$+P_l-QPSK星座图

图 2-22　子载波索引-功率联合调制 OFDM 的星座图

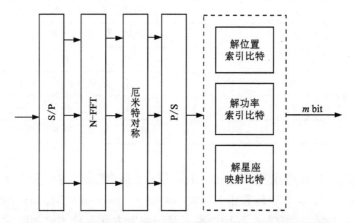

图 2-23　子载波索引-功率联合调制 OFDM 系统接收端框图

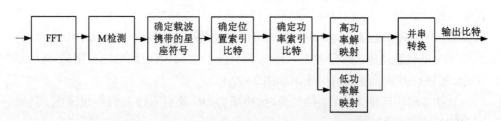

图 2-24　子载波索引-功率联合调制 OFDM 具体解映射方式

在子载波索引-功率联合调制 OFDM 系统接收端，经过并串转换等步骤之后，使用 ML 检测算法确定载波携带的星座符号，进一步利用查表法确定位置索引比特和功率索引比特。

子载波索引-功率联合调制 OFDM 系统接收端接收到的信号可以表示为：

$$Y = HS + W \tag{2-59}$$

式中，$Y = [y_1, y_2, y_3, \cdots, y_N]$ 为接收到的信号序列，H 表示 PON-VLC 中无线信道的增益系数，S 为该系统发送端的发送信号，W 为加薪高斯白噪声。接收端的解调根据接收信号 Y 确定发送信号 S，进而确定位置索引比特和功率索引比特，再经过解映射得到发送比特。假设子载波索引-功率联合调制的 OFDM 的发送端使用 P_h-QPSK 与 P_l-QPSK 两种映射方式，接收端已知信道的状态信息，子载波索引-功率联合调制的 OFDM 系统接收端解调算法步骤如下：

（1）接收端将 P_h-QPSK 与 P_l-QPSK 的星座符号，按照 4 个一组排列分布，共有 8^4 种情况，用 $[X_i^1, Y_i^2, X_i^3, Y_i^4]$ 来表示第 i 个子载波块的四个星座点，其中 X_i 表示高功率星座符号，Y_i 表示低功率星座符号；

（2）将接收到的信号块遍历步骤（1）中排列组合的结果，具体公式如下：

$$(m, S_i') = \arg \min \|Y - HS_i\|_2^2 = \arg \min \left(\sum_{i=1}^{N=8^4} |Y - HS_i|^2 \right) \tag{2-60}$$

式中，Y 表示接收端接收到的信号，H 为可见光信道增益矩阵，S_i 表示步骤（1）中第 i 行排列组合的结果，$\arg \min()$ 表示使后面这个式子达到最小值时的 m、S_i' 的取值。

（3）经过步骤（2）的遍历后，得到子载波上的星座点信息，首先根据查表法恢复出位置索引比特及功率索引比特。其次根据位置索引比特及功率索引比特解调出相应的星座映射符号，最后串并转换恢复出原始信息比特。

为了阐述得更加清楚，以发送端输入的一串比特流"10110111011"为例，经过子载波索引-功率联合调制的 OFDM 调制后，到达接收端的 4 个星座符号，用式（2-61）来表示：

$$Y = (a_1 + b_1 \times j a_2 + b_2 \times j a_3 + b_3 \times j a_4 + b_4 \times j) \tag{2-61}$$

式中，Y 表示该系统接收端的星座符号，j 表示虚数。

由 P_h-QPSK 与 P_l-QPSK 两种映射方式形成的子载波块的排列组合，用式（2-62）来表示：

$$S_i = (a_{i,1} + b_{i,1} \times j a_{i,2} + b_{i,2} \times j a_{i,3} + b_{i,3} \times j a_{i,4} + b_{i,4} \times j) \tag{2-62}$$

式中，S_i 表示该系统 P_h-QPSK 与 P_l-QPSK 两种映射的星座点的排列组合样式，由于该系统共有 8^4 种情况，所以 S_i 为 $8^4 \times 4$ 的矩阵，其中矩阵的每一行信息隐藏着位置索引比特及功率索引比特信息；j 表示虚数；i 表示子载波块的位置。

将式（2-61）与式（2-62）的矩阵 S_i 进行比较，找出偏差最小的行的数据，其比较过程采用公式（2-60）。该行 m 即子载波块的位置，将第 m 行的矩阵 S_i 信息调用出来，根据图 2-24 可恢复出对应的位置索引比特"10"与功率索引比特"1"，最后根据位置索引比特与功率索引比特对应的星座映射符号选择相应的解映射方式。该算法增加了该系统接收端解调的精确度，且不会因为功率门限值的问题而发生误判的情况。

本章节将提出的子载波索引-功率联合调制 OFDM 的方案应用到 PON-VLC 异构系统中，并在此基础上，实验仿真分析了该系统的可行性，系统结构如图 2-25 所示。

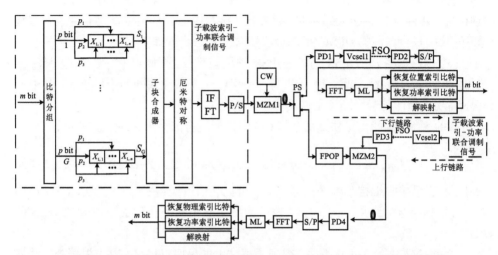

图 2-25　基于子载波索引-功率联合调制 OFDM 的 PON-VLC 异构系统结构

2.3.2　系统仿真

在基于子载波索引-功率联合调制 OFDM 的 PON-VLC 异构系统的发送端，将输入的比特信息 m 分为 G 组，每组均包含位置索引比特 p_1、功率索引比特 p_2、星座映射比特 p_3 三个部分。在经过子载波索引-功率联合调制后，生成的信号经过子块合成器、厄米特对称、IFFT 与并串转换等步骤后生成子载波索引-功率联合调制 OFDM 信号，该信号进入 PON-VLC 异构系统中。子载波索引-功率OFDM 电信号经过 MZM1 调制成子载波索引-功率联合调制 OOFDM 光信号。在基于子载波索引-功率联合调制 OFDM 的 PON-VLC 异构系统的接收端，PS 将子载波索引-功率联合调制的 OOFDM 光信号分成完全等同的两路信号。在下行链路，通过 PD1 转换成电信号，由 VCSEL1 直接转换成子载波索引-功率联合调制的 OOFDM 可见光信号，经过可见光传输后，被 PD2 转换成电信号。子载波索引-功率联合调制的 OFDM 电信号经过 FFT 等步骤后，通过 ML 检测算法恢复出位置索引比特、功率索引比特和星座映射比特。在上行链路，FPOF 滤波器滤出上路信号的中心载波，作为光载波来调制上行子载波索引-功率联合调制的 OFDM 电信号。由 VCSEL2 直接产生子载波索引-功率联合调制的 OOFDM 可见光信号，并经过可见光传输后，由 PD3 转换为子载波索引-功率联合调制的 OFDM 电信号。

基于子载波索引-功率联合调制 OFDM-PON-VLC 异构系统仿真环境与子载波功率调制的正交频分复用 PON-VLC 系统仿真环境相同，仿真参数如表 2-6 所示。

表 2-6　子载波索引-功率联合调制仿真参数

IFFT 点数	2048
分组数 G	512
每组包含子载波数 n	4
调制格式	P_h/P_l-QPSK
子载波高功率与低功率比值	$\sqrt{2}$
比特率	8 Gbps

在系统发送端，由 MATLAB 离线生成子载波索引-功率联合调制 OFDM 电信号。子载波索引-功率联合调制的 OFDM 电信号的频谱如图 2-26(a)所示。由离线生成的子载波索引-功率联合调制 OFDM 电信号驱动 MZM，调制成适合在光纤上传输的子载波索引-功率联合调制的 OOFDM 光信号。采用 OA1 来放大子载波索引-功率联合调制的 OOFDM 光信号。接下来进行 45 km-SSMF 传输。在系统接收端，PS 将接收到的子载波索引-功率联合调制 OOFDM 光信号分成完全等同的两路信号。

在下行链路，子载波索引-功率联合调制 OOFDM 光信号的光谱如图 2-26(d)所示，由 VOA1 来改变子载波索引-功率联合调制的 OOFDM 光信号的接收光功率。子载波索引-功率联合调制的 OOFDM 光信号由 PD1 转换成电信号后，采用 AGC1 和 Bias1 将子载波索引-功率联合调制的 OFDM 电信号调制到 VCSEL1 的线性区。经过 5 m-FSO 传输后，接收到的子载波索引-功率联合调制 OOFDM 可见光信号被 PD2 转换成电信号，其频谱图如图 2-26(b)所示。子载波索引-功率联合调制的 OFDM 电信号最后由 MATLAB 离线解调，其过程包括去除循环前缀、去除训练序列、FFT、并串变换等，最后解调恢复出原始信号。

在上行链路，使用 FPOF 滤出下行链路的中心光载波，光载波频谱如图 2-26(e)所示。离线产生的子载波索引-功率联合调制的 OFDM 电信号，经过 AGC2 放大和 Bias2 偏置后，由 VCSEL2 产生子载波索引-功率联合调制 OOFDM

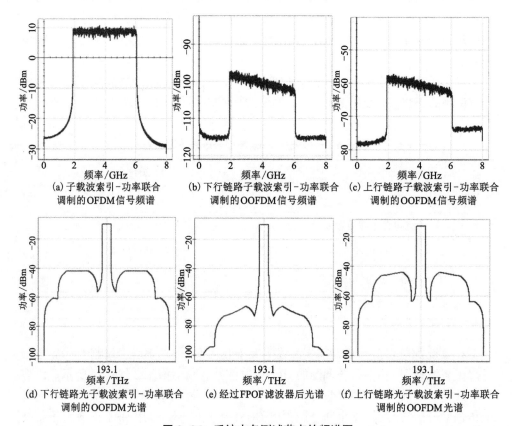

图 2-26　系统中各测试节点的频谱图

可见光信号，随后，经过 5 m-FSO 传输，由 PD3 检测并转换到子载波索引-功率联合调制 OFDM 电信号，通过 MZM2，将子载波索引-功率联合调制的 OFDM 电信号调制到经过 FPOF 滤出的光载波上并用于上行传输，子载波索引-功率联合调制 OOFDM 光谱如图 2-25(f)所示。子载波索引-功率联合调制的 OOFDM 光信号通过 OA2 放大后，经由 45 km-SSMF 传输。通过 VOA2 改变上行子载波索引-功率联合调制 OOFDM 光信号的接收光功率。最后，子载波索引-功率联合调制的 OOFDM 光信号由 PD4 检测并转换成电信号，由 MATLAB 离线解调，其频谱如图 2-26(c)所示。

2.3.3　传输性能分析

图 2-27(b)与图 2-27(c)分别为系统发送端映射方式为 P_h-QPSK+P_1-QPSK× $e^{j\pi/4}$ 的上行和下行链路的接收信号星座图。图 2-28(b)与图 2-28(c)分别为系统

发送端映射方式为 $P_h\text{-QPSK}\times e^{j\pi/4}+P_l\text{-QPSK}$ 的上行和下行链路的接收信号星座图。从图 2-27 和图 2-28 中可以看出，经过衰减和色散系数分别为 0. 2 dB/km 和 10 ps/nm/km 的 45 km-SSMF 和衰减为 205 dB/km 的 5 m-VLC 传输后，星座图相邻两点的区分很明显，且星座图的旋转角度都很小。

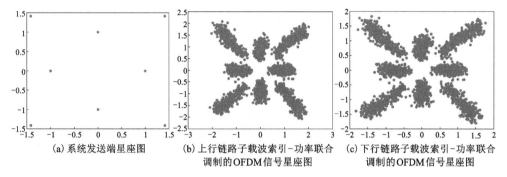

(a) 系统发送端星座图　　(b) 上行链路子载波索引-功率联合　　(c) 下行链路子载波索引-功率联合
　　　　　　　　　　　　　　调制的 OFDM 信号星座图　　　　　　调制的 OFDM 信号星座图

图 2-27　发送端映射方式为 $P_h\text{-QPSK}+P_l\text{-QPSK}\times e^{j\pi/4}$ 时系统星座图

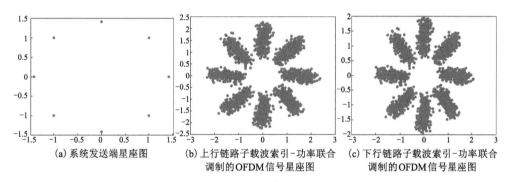

(a) 系统发送端星座图　　(b) 上行链路子载波索引-功率联合　　(c) 下行链路子载波索引-功率联合
　　　　　　　　　　　　　　调制的 OFDM 信号星座图　　　　　　调制的 OFDM 信号星座图

图 2-28　发送端映射方式为 $P_h\text{-QPSK}\times e^{j\pi/4}+P_l\text{-QPSK}$ 时系统星座图

子载波索引-功率联合调制 OFDM 与传统 OFDM 调制的上/下行链路光纤距离-误码率曲线如图 2-29 所示。从图 2-29 中可以看出，误码率随着标准单模光纤距离的增加而增加，子载波索引-功率联合调制 OFDM 的误码性能要优于传统 OFDM 调制方式。其原因在于子载波索引-功率联合调制 OFDM 采用类似两种调制格式的融合，星座点是传统 OFDM 调制星座点数目的两倍，其抵抗子载波干扰能力及 PAPR 要优于传统 OFDM 调制。另外，在子载波索引-功率联合调制 OFDM 方案中，位置索引比特、功率索引比特与星座映射比特分开解调，不会因为功率门限值的问题而发生误判的情况。

为分析混合链路对系统传输性能的影响，测试了背靠背和双向链路传输的光

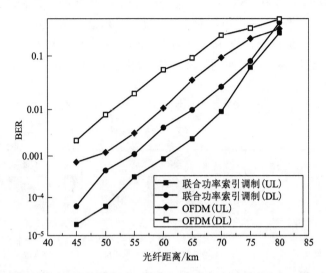

图 2-29 子载波索引-功率联合调制与 OFDM 调制上/下行链路光纤距离-误码率曲线图

功率-误码率曲线,如图 2-30 所示。上行链路中,子载波索引-功率联合调制 OFDM 信号经 45 km-SSMF+5 m-VLC 链路传输后,误码率为 10^{-3} 时,功率代价小于 1 dB;下行链路中误码率为 10^{-3} 时,功率代价小于 1 dB。

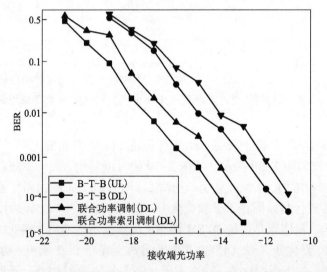

图 2-30 子载波索引-功率联合调制 OFDM 在不同接收端光功率下的误码性能

2.3.4　频谱效率

下面分析子载波索引-功率联合调制 OFDM 与 DM-OFDM 两种调制系统的频谱效率。假设该系统拥有 N 个子载波与 N_p 个循环前缀，将子载波分成 G 组且每组包含 n 条子载波，则 $G=\lfloor N/n \rfloor$，其中有 l 条载波携带调制阶数为 M_A 的星座符号，其他 $(n-l)$ 条子载波携带调制阶数为 M_B 的星座符号。DM-OFDM 系统可传输的总比特数表示为：

$$B = G \times \{ \lfloor \log_2 [C(n,\ l)] \rfloor + l \times \log_2 M_A + (n-l) \times \log_2 M_B \} \tag{2-63}$$

DM-OFDM 系统的频谱效率表示为：

$$\eta = \frac{G \times \{ \lfloor \log_2 [C(n,\ l)] \rfloor + l \times \log_2 M_A + (n-l) \times \log_2 M_B \}}{N+N_p} \tag{2-64}$$

子载波索引-功率联合调制 OFDM 系统的频谱效率可表示为：

$$\eta = \frac{G \times \{ \lfloor \log_2 [C(n,\ l)] \rfloor + \lfloor \log_2 k \rfloor + l \times \log_2 M_A + (n-l) \times \log_2 M_B \}}{N+N_p} \tag{2-65}$$

式中，k 是该系统中子载波功率类别。

从式(2-64)与式(2-65)中可以看出，子载波索引-功率联合调制 OFDM 系统的频谱效率要高于 DM-OFDM 系统，且子载波索引-功率联合调制 OFDM 系统传输的总比特数比 DM-OFDM 系统多 $G \times \lfloor \log_2 k \rfloor$ 比特，即在相同的频谱效率情况下，子载波索引-功率联合调制 OFDM 系统可以使用比 DM-OFDM 系统更低的调制阶数。调制阶数越低意味着信号发射功率越低，系统性能就越好。

第3章　预编码多载波可见光通信

3.1　预编码技术

尽管多载波可见光通信能够克服自由空间信道的频率选择性衰落，但由于 LED/LD 等可见光器件的调制带宽有限，系统频率响应呈现类似低通滤波特性而导致高频子载波衰落，从而影响系统传输性能。预编码是一种信道独立的 DSP 技术，其通过均衡各子载波的信噪比，有效地缓解了带宽受限的可见光通信中高频衰落所引起的子载波信噪比分布不均问题。与传统的自适应调制和预均衡等方法相比，预编码不会引入任何冗余信息，可以大大降低系统的复杂度。预编码的实现思路是：将预先设计的预编码矩阵导入发射机/接收机，在发射机的子载波完成符号映射调制后与预编码矩阵相乘，使调制信号能量被重新分配；在接收机的子载波则乘以预编码逆矩阵后再进行解调。

3.1.1　DFT 预编码

DFT 预编码是最常用的预编码方法，其是对已调符号额外进行一次 DFT 操作，不需要额外的设计，因此也被称为 DFT 扩频。DFT 预编码矩阵由下式表达：

$$C_{\mathrm{dft}} = \frac{1}{\sqrt{N}} \begin{bmatrix} c_{1,1} & c_{1,2} & \cdots & c_{1,N} \\ c_{2,1} & c_{2,2} & \cdots & c_{2,N} \\ \vdots & \vdots & \ddots & \vdots \\ c_{N,1} & c_{N,2} & \cdots & c_{N,N} \end{bmatrix} \tag{3-1}$$

式中：$c_{i,j} = e^{-j2\pi(i-1)(j-1)/N}$。DFT 扩频后的多载波信号可以看作单载波信号，因此，其具有较出色的降 PAPR 性能。

3.1.2　ZCT 预编码

ZCT 预编码矩阵通过 Zadoff-Chu 序列构建，是一类具有最佳相关性质的多相序列。Zadoff-Chu 序列具有理想的周期自相关和恒定的幅值。长度为 $N \times N$ 的 Zadoff-Chu 序列可以定义为：

$$\text{zct}_l = \begin{cases} e^{j2\pi r\left[\frac{l(l+1)}{2}+ql\right]N^2}, & N \text{ 为奇数} \\ e^{j2\pi r\left[\frac{l(l+1)}{2}+ql\right]/N^2}, & N \text{ 为偶数} \end{cases} \tag{3-2}$$

式中：$l=0,1,\cdots,N^2-1$，q 可以为任意整数，r 必须是 N 的素数。一个维度为 $N \times N$ 的 ZCT 矩阵可由下式定义：

$$\boldsymbol{C}_{\text{zct}} = \begin{bmatrix} c_{1,1} & c_{1,2} & \cdots & c_{1,N} \\ c_{2,1} & c_{2,2} & \cdots & c_{2,N} \\ \vdots & \vdots & \ddots & \vdots \\ c_{N,1} & c_{N,2} & \cdots & c_{N,N} \end{bmatrix} \tag{3-3}$$

式中：当 $i-j+1>0$ 时，$c_{i,j}=\text{zct}_{j-i+1}$。相反，$i-j+1 \leqslant 0$ 时，$c_{i,j}=\text{zct}_{j-i+1+N}$，且 $i,j=1,2,\cdots,N$。

3.1.3 CAZAC 预编码

CAZAC 预编码矩阵同样源自 Zadoff-Chu 序列，长度为 $N \times N$ 的 CAZAC 序列可以通过如下运算获得：

$$\text{cazac}_l = \begin{cases} e^{j\pi(l-1)^2/N^2}, & N_d \text{ 为奇数} \\ e^{j\pi l(l-1)/N^2}, & N_d \text{ 为偶数} \end{cases} \tag{3-4}$$

一个维度为 $N \times N$ 的 CAZAC 矩阵可由下式定义：

$$\boldsymbol{C}_{\text{cazac}} = \frac{1}{\sqrt{N}} \begin{bmatrix} c_{1,1} & c_{1,2} & \cdots & c_{1,N} \\ c_{2,1} & c_{2,2} & \cdots & c_{2,N} \\ \vdots & \vdots & \ddots & \vdots \\ c_{N,1} & c_{N,2} & \cdots & c_{N,N} \end{bmatrix} \tag{3-5}$$

式中：$c_{i,j}=\text{cazac}_{N(i-1)+j}$。CAZAC 矩阵是正交的，且 CAZAC 序列具有零自相关性。因此，使用 CAZAC 矩阵进行预编码后，信号的峰值很少会出现同相组合。该现象在星座图上的具体表现是，经过 CAZACT 预编码后的星座点会更加散乱。因此，CAZACT 预编码具有非常好的降 PAPR 效果。

3.1.4 OCT 预编码

根据 Zadoff-Chu 序列，还可以生成一种特殊的预编码矩阵。因其满足正交，且是循环矩阵，命名为 OCT。基于 OCT 序列的矩阵 $\boldsymbol{C}_{\text{oct}}$ 可以由下式表达：

$$C_{\text{oct}} = \frac{1}{\sqrt{N}} \begin{bmatrix} c_{1,1} & c_{1,2} & \cdots & c_{1,N} \\ c_{2,1} & c_{2,2} & \cdots & c_{2,N} \\ \vdots & \vdots & \ddots & \vdots \\ c_{N,1} & c_{N,2} & \cdots & c_{N,N} \end{bmatrix} \tag{3-6}$$

OCT 预编码与 CAZACT 不同的是，当 $i-j+1>0$ 时，$c_{i,j}=\text{oct}_{j-i+1}$，相反，$i-j+1\leqslant 0$ 时，$c_{i,j}=\text{oct}_{j-i+1+N}$，且 $i, j=1, 2, \cdots, N$。oct_l 的定义为：

$$\text{oct}_l = \begin{cases} e^{j\pi(l-1)^2/N_d}, & N_d \text{为奇数} \\ e^{j\pi l(l-1)/N_d}, & N_d \text{为偶数} \end{cases} \tag{3-7}$$

虽然 OCT 序列没有自相关性，不能降低系统的 PAPR，但其出色的 BER 性能与抗带外衰减性能仍使其受到广泛关注。

3.1.5　WHT 预编码

以上几种预编码矩阵都是复数序列，而复数计算需要较高的运算复杂度。为了降低预编码复杂度，DCT、DHT 及 WHT 等实数预编码矩阵也被广泛研究。WHT 预编码矩阵通过 Hadamard 变换生成，而 Hadamard 变换可以通过递归生成。一个 N 阶的 Hadamard 定义为 $\boldsymbol{H}_N$。该矩阵满足 $\boldsymbol{H}_N \times \boldsymbol{H}_N^{\mathrm{T}} = N\boldsymbol{I}_N$，且元素仅存在 1 与 -1。其中，T 为矩阵转置，$\boldsymbol{I}_N$ 为 N 阶的单位矩阵。2 阶的 Hadamard 矩阵可以由下式表示：

$$\boldsymbol{H}_2 = \begin{vmatrix} 1 & 1 \\ 1 & -1 \end{vmatrix} \tag{3-8}$$

当 N 为 2 的幂时，Hadamard 矩阵 $\boldsymbol{H}_N$ 可以由 $\boldsymbol{H}_2$ 通过递归生成。所以，N 阶的 Hadamard 矩阵可以表示为：

$$\boldsymbol{H}_N = \begin{vmatrix} \boldsymbol{H}_{N/2} & \boldsymbol{H}_{N/2} \\ \boldsymbol{H}_{N/2} & -\boldsymbol{H}_{N/2} \end{vmatrix} \tag{3-9}$$

3.2　基于 OCT 预编码的双模索引调制 OFDM

3.2.1　系统模型

基于 OCT 预编码的双模索引调制 OFDM 系统结构如图 3-1 所示。设每个 OFDM 符号中的有效子载波和索引调制子块数分别为 N_d 和 B。因此，每一个索引调制子块的子载波 $N=N_d/B$。

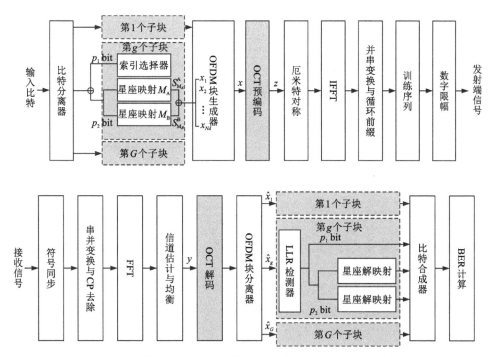

图 3-1　基于 OCT 预编码的双模索引调制 OFDM 系统结构

考虑到每个索引调制子块的处理流程相同且相互独立，以第 b 个索引调制子块为例，$b \in \{1, \cdots, B\}$。在第 b 个索引调制子块中，输入的 p 比特信息被分为 p_1 索引位和 p_2 符号位。其中，p_1 比特作为索引位，决定了符号位所对应的激活子载波序号。剩下的 p_2 比特作为符号位进行星座映射。在双模索引调制中，p_S 被分为两部分，一部分被星座调制器 $\mathcal{M}_A = [S_1^A, S_2^A, \cdots, S_{M_A}^A]$ 调制，另一部分被星座调制器 $\mathcal{M}_B = [S_1^B, S_2^B, \cdots, S_{M_B}^B]$ 调制。其中，S 表示星座点，M_A 和 M_B 分别为 $\mathcal{M}_A$ 与 $\mathcal{M}_B$ 的星座点大小。p_2 个符号比特数据根据 M_A、M_B、N 与子载波分配决定，可以表示为：

$$p_2 = K \log_2 M_A + (N-K) \log_2 M_B \qquad (3-10)$$

式中：K 是索引调制子块中被 $\mathcal{M}_A$ 调制的子载波的个数，剩余 $N-K$ 个子载波被 $\mathcal{M}_B$ 调制。用于索引位的 p_1 个索引比特一般根据子块中子载波数量 N 决定，所以 $p_1 = \lceil \log_2 N \rceil$。在索引选择器的帮助下，$K$ 个被 $\mathcal{M}_A$ 调制的子载波符号与 $N-K$ 个被 $\mathcal{M}_B$ 调制的子载波符号按照索引查找表插入索引调制子块。

以 $N=4$，$K=2$ 为例，双模索引调制的查找表如表 3-1 所示。

表 3-1 $N=4$, $K=2$ 时双模索引调制查找表

索引比特	索引位置	子块状态
$[0, 0]$	$[1, 2]$	$[S_i^A, S_j^A, S_i^B, S_j^B]$
$[0, 1]$	$[1, 3]$	$[S_i^A, S_i^B, S_j^A, S_j^B]$
$[1, 0]$	$[1, 4]$	$[S_i^A, S_i^B, S_j^B, S_j^A]$
$[1, 1]$	$[2, 3]$	$[S_i^B, S_i^A, S_j^A, S_j^B]$

因此，对于每个双模索引调制子载波块，其频谱效率 SE 可由下式计算得出：

$$\text{SE} = \frac{p_I + p_S}{N} = \frac{\lceil \log_2 N \rceil + K\log_2 M_A + (N-K)\log_2 M_B}{N} \tag{3-11}$$

对于第 b 个索引调制子块中的 OFDM 符号，可以表示为：

$$\boldsymbol{s}^{(b)} = [s_1^{(b)}, s_2^{(b)}, \cdots, s_N^{(b)}]^T \tag{3-12}$$

之后，将 B 个索引调制子块的符号串联成一个 $N_d \times 1$ 维的 DMIM-OFDM 符号 $\boldsymbol{x}$，该符号可以表示为：

$$\boldsymbol{x} = [x_1, x_2, \cdots, x_{N_d}]^T = [s_1^{(1)}, \cdots, s_N^{(1)}, s_1^{(2)}, \cdots, s_N^{(2)}, \cdots, s_1^{(B)}, \cdots, s_N^{(B)}]^T \tag{3-13}$$

进行完索引调制后，符号被送入预编码器进行 OCT 预编码。对于一个 $N_d \times 1$ 维的 DMIM-OFDM 符号，与其相乘的预编码矩阵 $\boldsymbol{C}$ 可以表示为：

$$\boldsymbol{C} = \frac{1}{\sqrt{N_d}} \begin{bmatrix} c_{1,1} & c_{1,2} & \cdots & c_{1,N_d} \\ c_{2,1} & c_{2,2} & \cdots & c_{2,N_d} \\ \vdots & \vdots & \ddots & \vdots \\ c_{N_d,1} & c_{N_d,2} & \cdots & c_{N_d,N_d} \end{bmatrix} \tag{3-14}$$

被预编码的 DMIM-OFDM 符号 $\boldsymbol{z}$ 可以表示为：

$$\boldsymbol{z} = \boldsymbol{C}\boldsymbol{x} = [z_1, z_2, \cdots, z_{N_d}]^T$$
$$= \frac{1}{\sqrt{N_d}} \left[\sum_{b=1}^{B} \sum_{n=1}^{N} c_{1, n+(b-1)N} \cdot s_n^{(b)}, \sum_{b=1}^{B} \sum_{n=1}^{N} c_{2, n+(b-1)N} \cdot s_n^{(b)}, \cdots, \sum_{b=1}^{B} \sum_{n=1}^{N} c_{N_d, n+(b-1)N} \cdot s_n^{(b)} \right]^T \tag{3-15}$$

由于可见光通信系统只能传输实值符号，因此在预编码后，系统需要通过厄米特对称和 IFFT 将被预编码的 DMIM-OFDM 符号转化为实值，然后插入一段 CP 来对抗多径衰落，最后，通过添加 TS 并对信号进行数字限幅，将 OCT 预编码的实值 DMIM-OFDM 信号通过 VLC 信道传输给接收机。数字限幅是对信号增益进行限制的一种 DSP 算法，防止信号超过特定阈值而失真，该算法又被称为削波。

3.2.2 实验装置

本章所提出的基于 OCT 预编码的 VLC 系统 DMIM-OFDM 实验装置和实验平台如图 3-2 所示。实验中的光源选择 LD，其具有响应速度快、色散小、发散角小、输出光强度高、效率高等优点。

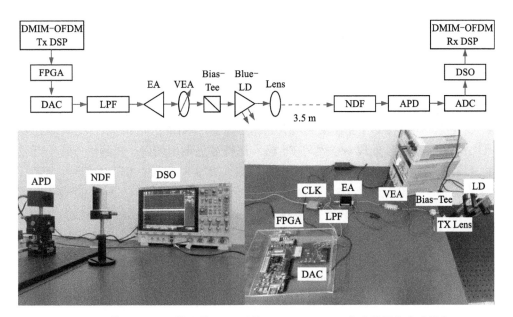

图 3-2 基于 OCG 预编码的 VLC 系统 DMIM-OFDM 实验装置和实验平台

此外，无预编码的传统 IM-OFDM 系统、无预编码的 DMIM-OFDM 系统和使用 DFT 预编码的 DMIM-OFDM 系统作为所提出方案的性能比较基准。实验中 IFFT 与 FFT 点数设置为 256，数据子载波数设置为 80。每个子块的长度 N 设置为 4，所选经过 M_A-QAM 调制的符号的数据子载波数 K 设置为 2。此外，其余两个子载波在 DMIM-OFDM 中使用 M_B-QAM 符号进行调制，或者在 IM-OFDM 中设置为空。DMIM-OFDM 由 2 个具有不同星座点的 4-QAM 星座或 2 个具有不同星座点的 16-QAM 星座进行调制，星座设计如图 3-3 所示。为实现相同的频谱效率，对应的 IM-OFDM 调制格式为 16QAM 或 256QAM，SE 分别为 2.5 bit/s/Hz 或 4.5 bit/s/Hz。

频谱效率为 2.5 bit/s/Hz 时，$M_A = M_B = 4$，$\mathcal{M}_A = [1+j, \ 1-j, \ -1+j, \ -1-j]$，且 $\mathcal{M}_B = [(1+\sqrt{3}), \ (1+\sqrt{3})j, \ -(1+\sqrt{3}), \ -(1+\sqrt{3})j]$。而频谱效率为 4.5 bit/s/Hz 时，$M_A = M_B = 16$，对应的星座调制器 $\mathcal{M}_A = [\pm3\pm3j, \ \pm3\pm j, \ \pm1\pm3j, \ \pm1\pm j]$，

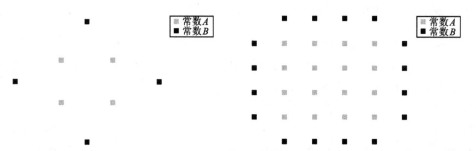

图 3-3　8 PSK 与 16 PSK 的星座映射图

且 $\mathcal{M}_B = [\pm 3 \pm 5j,\ \pm 1 \pm 5j,\ \pm 5 \pm 3j,\ \pm 5 \pm j]$。

实验整体流程如下：在发送端，首先通过 MATLAB 生成 PRBS。随后经过如图 3-2 所示的信号处理，包括 PRBS 输入比特通过索引调制、预编码、厄米特对称、IFFT、添加 CP、添加 TS、数字限幅后离线为数字 DMIM-OFDM 信号。然后，将其加载到 Xilinx ML605 FPGA 开发板的只读存储器（read-only memory，ROM）IP 核中，通过该 FPGA 开发板配有的 14 位 2.5 GSa/s 数模转换器，DMIM-OFDM 数字信号被转换为模拟信号。该模拟信号经过低通滤波（low-pass filtering，LPF）之后，由混合增益电放大器（electric amplifier，EA）放大，并由可变电衰减器（variable electrical attenuator，VEA）衰减。同时使用 EA 与 VEA 是为了更好地控制 VPP 的改变。随后，DMIM-OFDM 信号驱动 450 nm 蓝色 LD 实现光电转换。最后，LD 发出的可见光信号经双凸透镜准直后进入自由空间进行 3.5 m 的传输。

在接收端，雪崩光电二极管（avalanche photo diode，APD）检测接收端经过中性密度滤波（neutral density filtering，NDF）的可见光信号。恢复后的电信号由数字存储示波器（digital storage oscilloscope，DSO，Keysight dsox6004a）和 10 位 ADC 以 10 GSa/s 采样率捕获，然后上传到计算机进行进一步的 DSP 与性能评估。该 DSP 在 MATLAB 中完成，接收信号通过符号同步、去除 CP、FFT、解码、索引调制解调后得到还原，并与发送端生成的 PRBS 进行比较获得 BER。值得注意的是，DAC 和 ADC 采用相同的 10 MHz 参考时钟。实验参数如表 3-2 所示。

表 3-2　实验参数设置表

参数	值
OFDM 子块的 SE	2.5/4.5 bit/s/Hz
IM-OFDM 的调制格式	16-QAM/256-QAM

续表3-2

参数	值
DMIM-OFDM 的调制格式	4-QAM/16-QAM
IFFT/FFT 点数	256
CP 长度	8
有效数据子载波长度	80
DAC 采样率	2.5 GSa/s
ADC 采样率	10 GSa/s
每帧 OFDM 符号的 TS 长度	1
每帧的 OFDM 符号数	100
净比特率	1.51/3.02 Gbps
LD 传输距离	3.5 m

3.2.3　传输性能分析

本章实验中使用的蓝色 LD 的功率-电流-电压(power-current intensity-voltage,P-I-V)曲线如图 3-4(a)所示。该 LD 的阈值电流约为 27 mA，P-I 的斜率约为 1.2 W/A。图 3-4(b)为该蓝色 LD 的实测频率响应，可以看出，在-3 dB 时，带宽约为 800 MHz 左右。

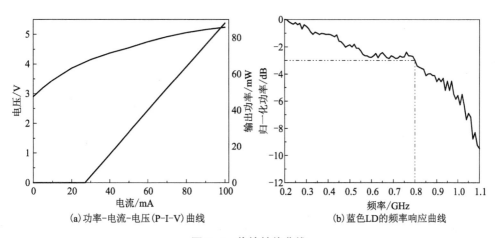

(a)功率-电流-电压(P-I-V)曲线　　(b)蓝色LD的频率响应曲线

图 3-4　传输性能曲线

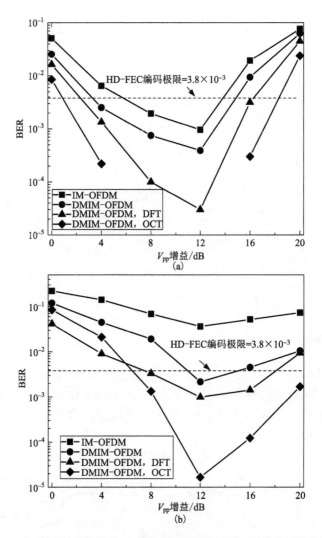

图 3-5 有/无预编码的单模/双模索引调制的误码率-峰值电压增益曲线

  图 3-5 展示了传统 IM-OFDM、无预编码的 DMIM-OFDM、基于 DFT 预编码的 DMIM-OFDM，以及基于 OCT 预编码的 DMIM-OFDM 系统测量到的 BER 随 V_{pp} 增益变化的关系。SE = 2.5 bit/s/Hz 时，将实验的偏置电压固定在 4.3 V，SE = 4.5 bit/s/Hz 时，将实验的偏置电压固定在 4.7 V。可以看出，在保持相同 SE 条件下 DMIM-OFDM 的 BER 性能优于传统 IM-OFDM，且使用了预编码的 DMIM-OFDM 性能优于未预编码的 DMIM-OFDM。在 V_{pp} 增益为 12 dB 的情况下，DMIM-OFDM 和 IM-OFDM 都能获得最佳的 BER 性能。当 V_{pp} 增益低于最佳值时，由于信号功率的限制，信噪比降低，从而降低了 BER 性能。此外，当 V_{pp} 增益过大

时, LD 的非线性效应成为降低 BER 性能的主要因素。如图 3-6(a)所示, 在 SE 为 2.5 bit/s/Hz 的情况下, 采用 OCT 预编码的 DMIM-OFDM 的 BER 可以降低到 1×10^{-5} 以下。值得说明的是, 在 OCT 预编码的辅助下, V_{pp} 增益在 4~16 dB 范围内系统有限的数据可以实现无错传输。如图 3-6(b)所示, 在 SE 为 4.5 bit/s/Hz 的情况下, DMIM-OFDM 的 BER 通过 DFT 预编码可以从 2.2×10^{-3} 降低到 9.9×10^{-4}, 而使用 OCT 预编码可以进一步将系统的 BER 降低到 1.6×10^{-5}。

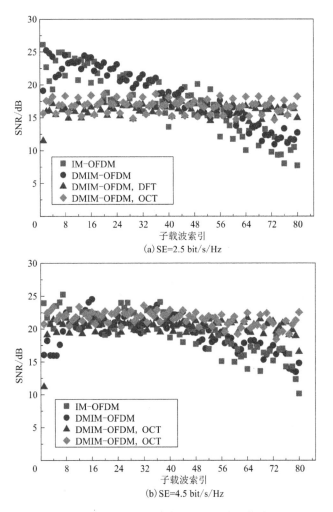

图 3-6　有/无预编码的单模/双模索引调制的子载波信噪比曲线

图 3-6 展示了两种 SE 情况下估计的信噪比与子载波索引的关系。可以看出, 对于未进行预编码的 DMIM-OFDM 和 IM-OFDM, 数据子载波上存在信噪比

波动，最大差距可达 18 dB。这种信噪比表现出严重的低通滤波，高频子载波功率严重衰减。这主要是由于 VLC 信道的带宽限制和功率衰落。相比之下，对于采用 DFT 和 OCT 预编码的 DMIM-OFDM，数据子载波上的信噪比被均衡到一个相对平坦的程度，整体而言，提高了高频子载波的 SNR。因此，被预编码的 DMIM-OFDM 具有更好的 BER 性能，更适合于高速可见光信道传输。但是，采用 DFT 预编码的 DMIM-OFDM 的边缘子载波的信噪比明显低于其他子载波，即边缘子载波功率衰落。因此，对于 DFT 预编码，需要一个更长的 CP 来抵消 ISI，这无疑会降低系统的 SE。相比之下，采用 OCT 预编码的 DMIM-OFDM 在各子载波上具有相对一致的信噪比，其信噪比平坦程度明显优于采用 DFT 预编码的 DMIM-OFDM。所提出的方案与基准方案的接收机星座图如图 3-7 所示。可以看到，使用 OCT 预编码技术的 DMIM-OFDM 系统，星座变得更加收敛。

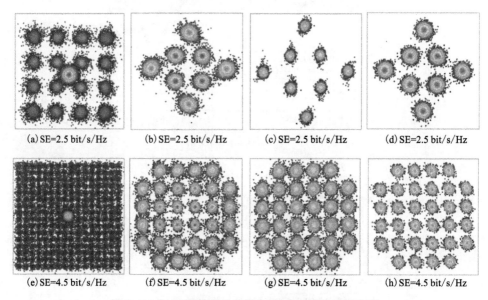

(a) SE=2.5 bit/s/Hz　　(b) SE=2.5 bit/s/Hz　　(c) SE=2.5 bit/s/Hz　　(d) SE=2.5 bit/s/Hz

(e) SE=4.5 bit/s/Hz　　(f) SE=4.5 bit/s/Hz　　(g) SE=4.5 bit/s/Hz　　(h) SE=4.5 bit/s/Hz

图 3-7　有/无预编码的单模/双模索引调制的星座图

(扫描目录页二维码查看彩图)

图 3-8 展示了两种 SE 情况下不同系统的 BER 与接收光功率(received optical power, ROP)的关系。可以看出，在相同的 SE 下，无预编码的 DMIM-OFDM 比无预编码的 IM-OFDM 具有更好的 BER 性能。SE 为 2.5 bit/s/Hz 的情况如图 3-8(a)所示，当 ROP 小于 2.6 dBm 时，采用 DFT 预编码的 DMIM-OFDM 方案略优于采用 OCT 的方案。采用 OCT 和 DFT 预编码的 DMIM-OFDM 在 HD-FEC 编码极限(3.8×10^{-3})下可以实现相同的 BER。当 ROP 增加到 4 dBm 时，与 DFT 预编

码相比，采用 OCT 预编码的 DMIM-OFDM 的 BER 从 1×10^{-3} 降低到 1.3×10^{-4}。这一现象是由于随着 ROP 的增加，与采用 OCT 预编码的 DMIM-OFDM 相比，采用 DFT 预编码的 DMIM-OFDM 的非线性容忍度更低。同时，与未使用预编码的 DMIM-OFDM 相比，其 BER 从 3×10^{-3} 降低到了 1.3×10^{-4}。SE 为 4.5 bit/s/Hz 的情况如图 3-8(b) 所示，此时，IM-OFDM 的 BER 不能达到 HD-FEC 编码极限。这是因为 IM-OFDM 采用的 256-QAM 调制格式对 VLC 信道噪声和功率衰落比较敏感。此外，对于采用 OCT 预编码的 DMIM-OFDM、采用 DFT 预编码的 DMIM-OFDM 和不带预编码的 DMIM-OFDM，在 HD-FEC 编码极限以下所需的最小 ROPs 分别为 5.3 dBm、6.8 dBm 和 8.3 dBm。

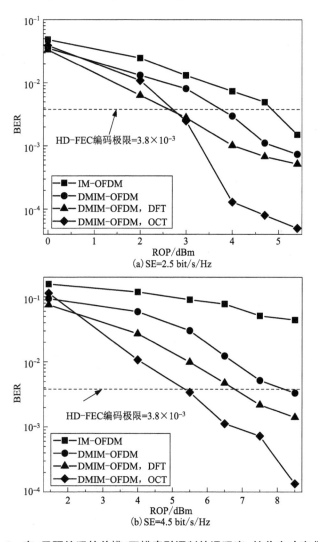

图 3-8　有/无预编码的单模/双模索引调制的误码率-接收光功率曲线

表 3-3 与表 3-4 给出了不同 DMIM-OFDM 方案的全部索引比特和符号比特的 BER。可以看出，在较高 ROP 范围内，索引比特的 BER 比符号比特的 BER 下降得更快。此外，索引比特和符号比特之间的 BER 差距随着 ROP 的增加而增大。这说明索引比特比符号比特对 ROP 更敏感。此外，系统采用 DFT 预编码和 OCT 预编码能同时改善索引比特和符号比特的误码性能，而 OCT 预编码在改善索引比特的误码性能方面优于 DFT 预编码。

表 3-3　SE=4.5 bit/s/Hz 时不同系统的索引比特/符号比特误码率比较

4 dBm	5.5 dBm	6.5 dBm	7.5 dBm	8.5 dBm	4 dBm
16QAM, w/o	$4.1×10^{-2}$/ $6.1×10^{-2}$	$1.8×10^{-2}$/ $3.2×10^{-2}$	$4.7×10^{-3}$/ $1.4×10^{-2}$	$1.5×10^{-3}$/ $5.7×10^{-3}$	$6×10^{-4}$/ $3.6×10^{-3}$
16QAM, DFT	$1.4×10^{-2}$/ $2.9×10^{-2}$	$3.6×10^{-3}$/ $1.1×10^{-2}$	$2.7×10^{-3}$/ $5.1×10^{-3}$	$1×10^{-3}$/ $2.4×10^{-3}$	$4×10^{-4}$/ $1.5×10^{-3}$
16QAM, OCT	$3.5×10^{-3}$/ $1.2×10^{-2}$	$1.1×10^{-3}$/ $3.8×10^{-3}$	$3×10^{-4}$/ $1.3×10^{-3}$	$2×10^{-4}$/ $7.9×10^{-4}$	0/ $1.5×10^{-4}$

表 3-4　SE=2.5 bit/s/Hz 时不同系统的索引比特/符号比特误码率比较

4 dBm	5.5 dBm	6.5 dBm	7.5 dBm	8.5 dBm	4 dBm
4QAM, w/o	$1.3×10^{-2}$/ $1.3×10^{-2}$	$6.7×10^{-3}$/ $8.6×10^{-3}$	$2.3×10^{-3}$/ $3.2×10^{-3}$	$9.8×10^{-4}$/ $1.2×10^{-3}$	$7.3×10^{-4}$/ $7.7×10^{-4}$
4QAM, DFT	$8.6×10^{-3}$/ $5.8×10^{-3}$	$3.2×10^{-3}$/ $2.8×10^{-3}$	$1.5×10^{-3}$/ $8.9×10^{-4}$	$9.6×10^{-3}$/ $6.1×10^{-4}$	$7×10^{-4}$/ $4.8×10^{-4}$
4QAM, OCT	$7.6×10^{-3}$/ $1.1×10^{-2}$	$1.7×10^{-3}$/ $2.7×10^{-3}$	$1.5×10^{-4}$/ $1.3×10^{-4}$	0/ $1×10^{-4}$	0/ $7×10^{-5}$

3.3　联合非厄米特与预编码的单模索引调制 OFDM

OFDM-IM-VLC 系统为生成实数信号，子载波上的数据符号需要满足厄米特共轭对称，一般被称为 HS-OFDM-IM。对于 L 点长度的索引调制 OFDM 实数信号，则需要进行 $2L$ 点的 IFFT 操作，这无疑会造成较大硬件资源消耗。文献[86]针对传统 OFDM 系统，提出了一种不需要频域符号满足 HS 或实星座约束的实值时域 OFDM 信号生成技术 NHS-OFDM。该技术通过生成传统的复数 OFDM 信号并将实部和虚部在时域中串行放置以获得实数 OFDM 信号。其只需要 L 点 IFFT 变换即可生成 $2L$ 点时域 OFDM 信号。从另一个角度来说，在相同 IFFT 点数的情况下，NHS-OFDM 有着更高的子载波利用率，意味着系统频谱效率可显著增加。此外，NHS-OFDM 在 PAPR 和 BER 性能方面与传统 HS-OFDM 系统几乎相同。

3.3.1　预编码均衡信噪比

预编码辅助的主要处理步骤包括：发送端将星座映射后的数据符号序列 $\boldsymbol{X}_s = [X_1, X_2, \cdots, X_{(N_d)}]^{\mathrm{T}}$ 乘以一个预编码矩阵 $\boldsymbol{F}$；接收端在星座符号解映射之前进行相应的解码操作。预编码矩阵 $\boldsymbol{F}$ 可表示为

$$\boldsymbol{F} = \frac{1}{\sqrt{N_d}} \begin{bmatrix} F_{1,1} & F_{1,2} & \cdots & F_{1,N_d} \\ F_{2,1} & F_{2,2} & \cdots & F_{2,N_d} \\ \vdots & \vdots & \ddots & \vdots \\ F_{N_d,1} & F_{N_d,2} & \cdots & F_{N_d,N_d} \end{bmatrix} \tag{3-16}$$

式中：N_d 是数据子载波数目，$\boldsymbol{F}$ 是一个正交矩阵，并且对于 CAZACT、OCT、ZCT 三种预编码，矩阵中所有元素幅度为 1。预编码后的符号序列 $\boldsymbol{Y}_s = [Y_1, Y_2, \cdots, Y_{N_d}]^{\mathrm{T}}$ 可表示为

$$\boldsymbol{Y}_s = \boldsymbol{F}\boldsymbol{X}_s = \frac{1}{\sqrt{N_d}} \begin{bmatrix} F_{1,1}X_1 & F_{1,2}X_1 & \cdots & F_{1,N_d}X_1 \\ F_{2,1}X_2 & F_{2,2}X_2 & \cdots & F_{2,N_d}X_2 \\ \vdots & \vdots & \ddots & \vdots \\ F_{N_d,1}X_{N_d} & F_{N_d,2}X_{N_d} & \cdots & F_{N_d,N_d}X_{N_d} \end{bmatrix} \tag{3-17}$$

经过 IFFT 操作后不含 CP/CS 的预编码数据符号为

$$\boldsymbol{x}_s(u) = \frac{1}{\sqrt{N}} \sum_{\substack{v=-N_d \\ v \neq 0}}^{N_d} (Y_s)_v \exp\left(\mathrm{j}\frac{2\pi uv}{N}\right) \tag{3-18}$$

式中：$u \in \{1, 2, \cdots, N\}$，$N$ 是 IFFT/FFT 点数。

在接收端，假设必要的符号定时同步已完成，不考虑 ISI 和 ICI，经 FFT 后的数据符号 $\boldsymbol{Z}$ 为

$$\boldsymbol{Z} = \begin{bmatrix} Z_1 \\ Z_2 \\ \vdots \\ Z_{N_d} \end{bmatrix} = \boldsymbol{HY} + \boldsymbol{W} = \begin{bmatrix} Y_1 \\ Y_2 \\ \vdots \\ Y_{N_d} \end{bmatrix} \begin{bmatrix} H_1 & 0 & \cdots & 0 \\ 0 & H_2 & & \vdots \\ \vdots & & \ddots & 0 \\ 0 & \cdots & 0 & H_{N_d} \end{bmatrix} + \begin{bmatrix} W_1 \\ W_2 \\ \vdots \\ W_{N_d} \end{bmatrix} \tag{3-19}$$

式中：$\boldsymbol{H}$ 是信道频率响应矩阵，H_v 表示第 v 个子载波上的信道频率响应。$\boldsymbol{W}$ 是频域加性噪声，W_v 是第 v 个子载波上的信道加性噪声，并且服从均值为零、方差为

σ_v^2 的高斯分布。

假设理想信道估计和均衡已完成，预编码解码后的数据符号可表示成

$$\hat{X} = ZH^{-1}F^{-1} = X + WH^{-1}F^{-1} = X + \overline{W} \qquad (3-20)$$

式中：F^{-1} 和 H^{-1} 分别是预编码矩阵 F 和信道响应矩阵 H 的逆矩阵。式(3-20)中第二项即噪声项可进一步写为

$$\overline{W} = WH^{-1}F^{-1} = WH^{-1}F^H$$

$$= \begin{bmatrix} W_1 \\ W_2 \\ \vdots \\ W_{N_d} \end{bmatrix} \begin{bmatrix} \dfrac{1}{H_1} & 0 & \cdots & 0 \\ 0 & \dfrac{1}{H_2} & \cdots & \vdots \\ \vdots & \vdots & \ddots & 0 \\ 0 & \cdots & 0 & \dfrac{1}{H_{N_d}} \end{bmatrix} \cdot \dfrac{1}{\sqrt{N_d}} \cdot \begin{bmatrix} F_{1,1}^* & F_{2,1}^* & \cdots & F_{N_d,1}^* \\ F_{1,2}^* & F_{2,1}^* & \cdots & F_{N_d,2}^* \\ \vdots & \vdots & \ddots & \vdots \\ F_{1,N_d}^* & F_{2,N_d}^* & \cdots & F_{N_d,N_d}^* \end{bmatrix}$$

$$= \dfrac{1}{\sqrt{N_d}} \begin{bmatrix} \displaystyle\sum_{i=1}^{N_d} \dfrac{F_{i,1}^* W_i}{H_i} \\ \displaystyle\sum_{i=1}^{N_d} \dfrac{F_{i,2}^* W_i}{H_i} \\ \vdots \\ \displaystyle\sum_{i=1}^{N_d} \dfrac{F_{i,N_d}^* W_i}{H_i} \end{bmatrix} = \begin{bmatrix} \overline{W}_1 \\ \overline{W}_2 \\ \vdots \\ \overline{W}_{N_d} \end{bmatrix} \qquad (3-21)$$

式中：$\overline{W}$ 代表第 v 个子载波上预编码解码后的噪声，服从均值为零、方差为 $\overline{\sigma}_v^2$ 的高斯分布。于是有

$$\overline{\sigma}_v^2 = \dfrac{1}{N_d} \sum_{i=1}^{N_d} \sigma_i^2 \left| \dfrac{F_{i,k}^*}{H_i} \right|^2 \qquad (3-22)$$

因为在发送端符号映射及公式(3-22)中都进行了功率归一化，故第 v 个数据子载波上的 SNR 可定义为

$$\gamma_v = \dfrac{1}{\overline{\sigma}_v^2} = \dfrac{N_d}{\displaystyle\sum_{i=1}^{N_d} \sigma_i^2 \left| \dfrac{F_{i,k}^*}{H_i} \right|^2} \qquad (3-23)$$

对于本章中采用的三种预编码来说，预编码矩阵里的元素都满足 $|F_{(i,v)}^*| = 1$。显然，经过解码后，在保持相同噪声功率的同时，不同子载波上的噪声可均衡到同一水平。因此，通过预编码方案可以实现子载波上 SNR 的均匀分布。

3.3.2　基于非厄米特对称的实值信号产生

在 IM/DD 光通信系统中，光载波的强度由电信号调制，要求输入的必须是正实数信号。因此，必须对子载波数据施加一些约束条件，以便 IFFT 操作产生实信号。通常，使用 HS 方案来生成实数时域信号需要双倍尺寸 IFFT，即需要 2L 点 IFFT 变换来调制 L 个频域符号。众所周知，为了提高系统性能，有必要增加 IFFT/FFT 的尺寸和位精度。然而，在高速传输的场景下，IFFT/FFT 的复杂性可能会成为挑战。由于以高速运行的 OFDM/OFDM-IM 收发器需要高度优化的 DSP 模块，需要提出一种资源需求较少的低成本实数生成解决方案来降低系统计算复杂度。因此一种 IFFT 尺寸有效的 NHS 实数信号生成方法被提出。NHS 实数信号生成原理如图 3-9 所示。

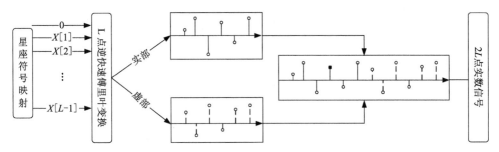

图 3-9　基于非厄米特对称的实数信号生成原理

假设星座映射后的符号为 $\{X[1], X[2], L, X[L-1]\}$，正如在传统复数 OFDM 系统中，经补零后直接输入到一个 L 点 IFFT 块。由于没有施加 HS 约束，IFFT 输出复数信号，表示为

$$x(n) = \sum_{k=0}^{L-1} [X_R(k) + jX_I(k)] \exp\left(j2\pi\frac{kn}{L}\right) \tag{3-24}$$

式中：$X_R(k)$ 和 $X_I(k)$ 分别是 $X(k)$ 的实部和虚部，$k \in \{0, 1, \cdots, L-1\}$。为了避免直流偏移，直流分量 $X(0)$ 置零，得到的时域复信号 $x(n)$ 可写为

$$x(n) = x_R(n) + jx_I(n), \quad n = 1, 2, \cdots, L-1 \tag{3-25}$$

式中：$x_R(n)$ 和 $x_I(n)$ 分别是 $x(n)$ 的实部和虚部。为了生成 2L 的 OFDM-IM 实信号，生成的复信号的 L 点实部和虚部在时域中并列放置为

$$x_{2L}(n) = \begin{cases} x_R(n), & n = 0, \cdots, L-1 \\ x_I(n-L), & n = L, \cdots, 2L-1 \end{cases} \tag{3-26}$$

在接收端符号定时同步后，再提取实部和虚部进行实复转换，得到复数星座映射信号。

3.3.3 实验装置

NHS-OFDM-IM-VLC 系统 DSP 流程及实验装置如图 3-10 所示。发送端和接收端离线数字信号处理均在 PC 中进行。实验中，为了便于比较，HS 和 NHS 方案分别采用 512 点和 256 点 IFFT/FFT，同时在从 IFFT 模块输出的时域信号前部分别加入 32 点和 16 点 CP。系统关键参数如表 3-4 所示。

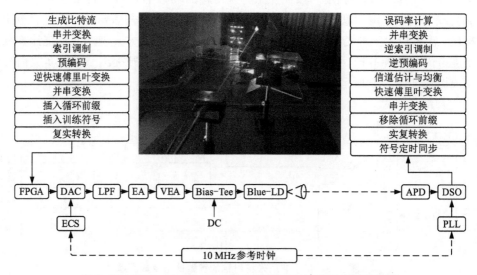

图 3-10 NHS-OFDM-IM-VLC 系统 DSP 流程及实验装置图

表 3-4 系统关键参数

参数	HS 值	NHS 值
DAC 采样率	2.5 GSa/s	2.5 GSa/s
ADC 采样率	10 GSa/s	10 GSa/s
IFFT/FFT 点数	512	256
数据子载波数	160	160
CP 长度	32	16
调制格式	64QAM	64QAM
TS 数	1	1
OFDM/OFDM-IM 符号数	200	200

在发送端，所有 OFDM 方案的比特流直接进行 64QAM 星座符号映射。而基

于 OFDM-IM 的所有方案中的比特流被分成两部分，一部分用于选择 SIP，另一部分用于进行 64QAM 星座符号映射。同时，预编码方案还需要进行相应的预编码处理。对于 HS 方案，QAM 符号被放置到 160 个正频率数据子载波上，其他子载波置零，正负频率子载波上的数据符号满足 HS 以生成实数信号，而 NHS 方案则直接将 QAM 符号依次放置到 160 个数据子载波上。基于 OFDM-IM 的方案待全部子块生成后，经子块合并器合成 OFDM-IM 符号块。接下来，信号通过 IFFT 模块从频域变换到时域，然后在信号前部加入相应点数的 CP 以抵抗传输过程中的 ISI。紧接着，NHS 方案进行复实变换，生成适宜传输的实数信号。每帧信号包含 200 个 OFDM/OFDM-IM 符号，并在每帧信号的头部插入一个 TS，用于在接收端实施符号定时同步和信道估计。随后，信号被加载到 Xilinx ML605 FPGA 上并发送，其上装载一个分辨率为 14 bit、采样率为 2.5 GSa/s 的 DAC 实现模数转换。经过 LBF 滤除高频镜像分量后，再经模拟 OFDM 信号及 EA 放大、可变电衰减器衰减，之后驱动波长为 450 nm 的蓝色 LD 实现电光转换。最后，可见光信号由双凸透镜聚焦后进入信道并传输 3.5 m。

在接收端，接收到的可见光信号直接被 APD 检测。最后，电信号被带有 10 bit 分辨率 ADC 的 Keysight DSOX6004A DSO 捕获，并上传到计算机进行离线数字信号处理。接收端的 DSP 流程包括基于 TS 的符号定时同步、实复转换、CP 移除、基于 TS 的信道估计与均衡、逆预编码、解映射，以及 BER 计算。

3.3.4　传输性能分析

首先探究 NHS 和各种预编码技术对减小系统 PAPR 的有效性。图 3-11 为不同方案下的互补累积分布函数（complementary cumulative distribution function，CCDF）随 PAPR 变化的曲线图。图 3-11（a）是无预编码辅助情况下，HS-OFDM、NHS-OFDM、HS-OFDM(4, 1) 和 NHS-OFDM(4, 1) 四种方案的 PAPR 性能对比。可以看到，无论是基于 OFDM 还是 OFDM-IM 调制，HS 和 NHS 的 PAPR 是大致相同的，几乎没有差别。另外，可以看出两种 OFDM-IM 方案的 PAPR 低于两种 OFDM 方案，这说明索引调制中静默子载波可以起到一定的降 PAPR 作用。图 3-11（b）显示了无预编码辅助情况下 NHS-OFDM-IM 系统中激活子载波的数目对 PAPR 的影响。激活子载波数目越少或者说静默子载波数目越多，系统的 PAPR 越低，但是系统的频谱效率也越低。因此，静默子载波不能无限增加，其影响是极其有限的。图 3-11(c) ~ 图 3-11(f) 展示了有、无 CAZACT、OCT、ZCT 预编码辅助情况下 NHS-OFDM 和 NHS-OFDM-IM 系统的 PAPR 性能。为了便于描述，可以将 NHS-OFDM 视作激活子载波数目为 4 的 NHS-OFDM-IM，即 NHS-OFDM-IM(4, 4)。从图 3-11(c) 看出，无预编码辅助和 OCT 情况下的 PAPR 接近 13.5 dB，而有 CAZACT 和 ZCT 辅助的系统 PAPR 约减小了 2 dB。从图 3-

11（d）和图 3-11（e）可以看出，在 CAZACT 和 ZCT 辅助下，NHS-OFDM（4，3）和 NHS-OFDM（4，2）相比无预编码辅助方案 PAPR 分别约减小了 1.5dB 和 0.5 dB。而从图 3-11（f）可知，有 CAZACT 和 ZCT 辅助的 PAPR 高于无预编码辅助方案。值得注意的是，所有方案中 OCT 辅助方案中的 PAPR 性能都与无预编码方案保持一致。OCT 没有降低 PAPR 的效果，因为其预编码矩阵是循环矩阵，序列之间不具备零自相关特性，因而不能降低信号峰值上同相组合的概率。只有像 CAZACT 和 ZCT 这种序列具有零自相关性的预编码才可以减小 PAPR。但是，对于索引调制中激活子载波数目较少的情况，CAZACT 和 ZCT 甚至会增大 PAPR。

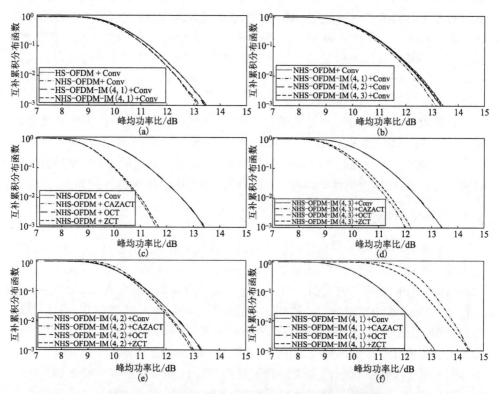

图 3-11　不同方案下的 CCDF 随 PAPR 变化的曲线

（扫描目录页二维码查看彩图）

实验中，为了获得最佳的传输性能，探究了不同偏置电压（bias voltage，BV）对 VLC 系统的影响。图 3-12 为不同方案下 BER 随 LD 的 BV 变化曲线图。如图 3-12 所示，当 BV 从 4.4 V 增加到 5.0 V 时，所有方案都可在 BV 为 4.7 V 处取得最佳 BER 性能。在最佳 BV 下，OCT 辅助的 NHS-OFDM-IM 系统 BER 可

低至 1.79×10^{-5}，远低于其他方案，基于经典 OFDM 的两种方案的 BER 甚至高于 HD-FEC 门限 3.8×10^{-3}。在较低的 BV 下，由于 SNR 太低，所有方案的 BER 均高于 SD-FEC 门限 2.4×10^{-2}。同样较高的 BV 会导致 LD 灯产生严重的非线性效应，所有方案都不能实现很好的性能。另外，对于 OFDM 或 OFDM-IM 系统，无预编码辅助的 NHS 方案和 HS 取得的 BER 性能相似。这说明引入 NHS，不仅可以提高 IFFT/FFT 的有效性和降低系统硬件实现的复杂度，而且不会对系统性能造成影响。两种 OFDM 方案的 BER 始终高于 HD-FEC 门限 3.8×10^{-3}，这是因为高阶 QAM 对噪声相对敏感。两种无预编码辅助 OFDM-IM 方案由于静默子载波的存在，可以一定程度上减少 ICI，从而可以实现一定的 BER 性能改善。三种预编码辅助方案的 BER 在 $4.55\sim4.85$ V，始终低于 HD-FEC 门限 3.8×10^{-3}，表明预编码可以大幅提高系统对 BV 的容忍范围，提高系统的抗噪声性能。因此，在以下实验中，BV 始终固定在最佳工作点 4.7 V，以避免非线性效应的干扰。

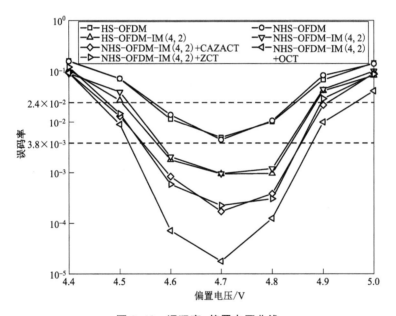

图 3-12 误码率-偏置电压曲线

将 BV 设在最佳工作点，通过调节 VEA 的电衰减值（electrical attenuation，EA）改变信号的峰峰值电压（peak to peak voltage，PPV），从而使发送信号拥有最好的强度。图 3-13 是 BER 随 EA 变化的曲线图。信号的 PPV 与 EA 成反比例，即 EV 越大，PPV 越小。当 EA 从 4 dB 变化到 24 dB 时，所有方案在 12 dB 处可获得最优的系统性能。其中，OCT 的 BER 可低至 1.79×10^{-5}，CAZACT 和 ZCT 方案降低效果次之，两种传统 OFDM-IM 方案的 BER 也可低于 $3.8×10^{-3}$，经典的 OFDM 方案性能最差。EA 较小时，意味着信号的 PPV 较高，此时噪声占主导地位，因此所有方案都无法实现较好的性能。当 EA 过大时，信号有着较低的 PPV，LD 的非线性会导致系统发生严重的性能衰退，所有方案同样难以低误码传输。同时可以注意到，由于采用星座结构更加紧凑的高阶 QAM 符号映射，其虽然可以与 OFDM 和 OFDM-IM 等高效 MCM 结合实现高比特率数据传输，但同时也对噪声更加敏感。预编码作为一种不依赖于 CSI 的性能增强方案，可以在保持系统高速率传输的同时辅助系统取得更好的 BER 性能。

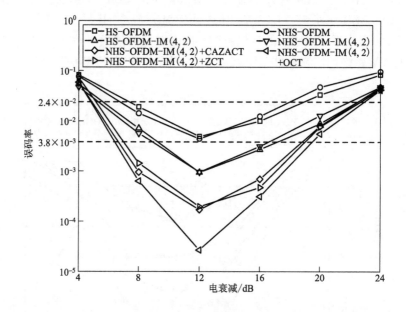

图 3-13 误码率-电衰减功率曲线

图 3-14 为各方案在不同接收光功率（receiver optical power，ROP）下的误码曲线图。由于采取高阶调制格式，基于传统 OFDM 的 HS 和 NHS 方案在各功率下均能取得相似的性能，但均无法使 BER 低于 $3.8×10^{-3}$。索引调制得益于静默子载波的存在，可以减少 ICI，因而可以提高系统对噪声的鲁棒性。当 ROP 高于 6 mW 时，两种无预编码的 OFDM-IM 方案可以实现低于 HD-FEC 门限 $3.8×10^{-3}$ 的 BER。当 BER 为 $3.8×10^{-3}$ 时，OCT 相对于无预编码 NHS-OFDM-IM(4, 2) 有近 2mW 的接收机灵敏度提升，CAZACT 和 ZCT 也有大约 1mW 的改善。OCT 在 4 mW 时 BER 就已经能够低于 HD-FEC 门限 $3.8×10^{-3}$，CAZACT 和 ZCT 也可以在 5 mW 时达到，无预编码的 OFDM-IM 则需要 6 mW。在不同 ROP 下，NHS 和 HS

方案有着相似的 BER 性能和趋势，说明基于 FFT 尺寸有效的生成方式的引入不会使系统性能衰退。另外，无需先验 CSI 的预编码技术，可以降低高阶 QAM 调制对 ROP 的苛刻要求，辅助系统实现更好的性能。

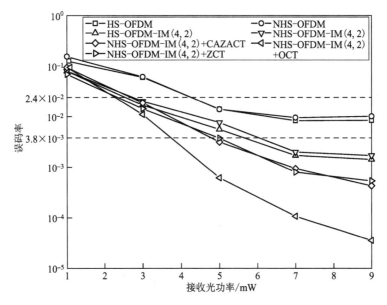

图 3-14　误码率-接收光功率曲线

图 3-15 展现了 NHS-OFDM-IM 系统在有、无预编码辅助情况下的子载波 SNR 特性。图 3-16 为相对应的接收端星座图，无预编码(Conv)、CAZACT、ZCT 和 OCT 预编码的星座图分别由红色、蓝色、绿色和紫罗兰色表示。正如预期的那样，当子载波从低频变化到高频时，无预编码的子载波 SNR 随着子载波索引增加而不断减小，呈现出类似低通的特性。这是因为电/光设备的不完美频率响应和各种干扰，SNR 可能会在子载波上显著波动。这种不均匀的 SNR 分布可能导致接收机中的 BER 性能不佳。相比之下，三种预编码均衡对噪声进行均匀分配，SNR 在不同子载波间呈现均匀分布，高频子载波也有很好的提升。然而，CAZACT 和 ZCT 预编码边缘有部分边缘子载波存在一定的 SNR 劣化。与 CAZACT 和 ZCT 预编码不同，OCT 预编码不会受到边缘子载波处的 SNR 下降效应的影响。此外，均衡后的 SNR 等于计算得到的原始未预编码系统 SNR 的调和平均值，这与理论分析一致。同时，从星座图来看，无预编码的星座图不够集中，存在很多散点，这是 BER 性能劣化的重要因素。比较而言，OCT 的星座明显更加收敛，因此有更好的 BER 性能。而 CAZACT 和 ZCT 仍有部分子载波漂移导致的离群星座点，故在解映射时会有误判。

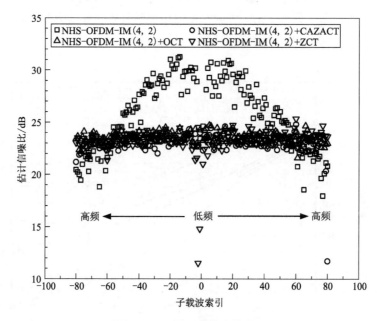

图 3-15 不同子载波上的 SNR

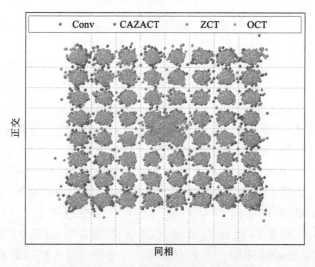

图 3-16 有/无预编码的接收端星座图

第 4 章　滤波器组多载波可见光通信

4.1　滤波器组多载波

多载波通信系统由于具有频谱效率高、频谱特性动态灵活和复杂度低等优势而在下一代无线通信系统中得到了广泛应用[23]。其中，OFDM 是一种最经典的多载波调制技术，其子载波之间是相互正交的，因而可以抵抗频率选择性衰落和窄带干扰，但 OFDM 本身也存在一些缺陷：

（1）采用矩形滤波器进行脉冲成形，其在频域上是 sinc 函数，导致 OFDM 信号的频谱旁瓣衰减缓慢，带外泄漏严重[24]。因此，为了避免带外频谱产生较大的干扰，还需要增加额外的保护频带，因而降低了频谱利用率和用户密度。

（2）依赖 CP 抵抗多径效应引入的 ISI 和 ICI，在多径时延较大的信道环境下，CP 的开销也会增大，极大地降低了系统的频谱利用率[25]。

（3）依赖于全网范围内用户的时频同步，时延较大，且当同步存在偏差时，子载波间的正交性会被破坏，产生用户间干扰，严重影响了 OFDM 系统的性能[26]。

尽管 OFDM 系统已经在 5G 中实现商用，但鉴于其存在上述缺点，仍难以满足未来新兴移动通信应用场景对低时延、海量连接、高频谱效率等方面的要求[27]。在此背景下，FBMC 技术受到了国内外越来越多研究者的关注，已被 PHYDYAS[28]、METIS[29] 和 5GNOW[30] 等国外项目或组织列为重点研究对象。与 OFDM 相比，FBMC 符号在时域上存在混叠（主要发生在相邻的符号间），但其频谱的拖尾衰减很快。总的来说，FBMC 系统具有以下特点：

（1）利用原型滤波器进行脉冲成形，降低了发送信号频谱的带外泄漏。因此，不同用户之间的干扰较小，减少了保护频带的使用，从而提高了频谱利用率，更适合于用户密度高、碎片化频谱通信的场景[32]。

（2）抗 ISI/ICI 能力强，无需添加 CP，因此每个码元的资源都得到了充分利用[33]，提高了频谱效率。

（3）对时频同步偏差不敏感，从而降低了通信系统的同步开销和时延，更适合于低时延的应用场景[34]。

4.1.1 系统模型

FBMC 系统是一种基于多载波调制的数字通信系统，其特点是采用了一组并行的子带滤波器对多载波信号进行滤波，以实现高效的频带利用和抗干扰能力。在 FBMC 中，QAM 调制后分别提取复数符号的实部与虚部，并将虚部进行 $T/2$ 的时间偏移，T 为复数符号间隔。随后，将符号的实部与虚部进行上采样，并分别与原型滤波器 $g[k]$ 进行线性卷积。这里选择的原型滤波器是一种奈奎斯特滤波器，具有线性相位和较小的带外衰减。最后，将所有完成卷积的子载波上的输出信号进行叠加，产生发射机 FBMC 信号 $s(k)$。因此，FBMC 符号可以表示为：

$$s(k) = \begin{cases} \sum_{i=1}^{N_d} x_i g_i[k] \mathrm{d}t, & 0 < t < T \\ 0, & \text{其他} \end{cases} \tag{4-1}$$

式中：$g_i[k]$ 是原型滤波器 $g[k]$ 时频偏移后的信号。系统原型滤波器长度为 $K \times N_d$，其中 K 为滤波器的重叠因子，N_d 为 FBMC 子载波数。需要说明的是，根据重叠因子 K，上采样后的信号长度提升了 K 倍，即每两个子载波之间都需要插入 $K-1$ 个 0。

对系统接收端，进行与发送端相反的操作加以还原。FBMC 调制与解调的数学模型如图 4-1 所示。

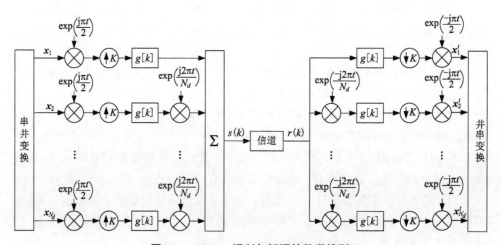

图 4-1 FBMC 调制与解调的数学模型

在多载波通信系统中，最常见的滤波器调制解调采用的是 DFT。在实际实验与应用中，一般采用 FFT 来代替 DFT 以简化计算复杂度。OFDM 系统中的滤波器组可以看作基于 FFT 的滤波器组。对于整个滤波器组，频率偏移为 0 的滤波器被称为原型滤波器，而其他滤波器则通过原型滤波器频率偏移获得。然而，以 FFT 作为原型滤波器的 OFDM 系统具有较为明显的带外干扰。因此，FFT 并不是原型滤波器构建的第一选择。针对这一问题，研究人员提出了许多改进方法，如使用曲线优化的多项式，或使用其他滤波器设计方法，以获得更好的性能。

对于多载波调制解调，符合奈奎斯特准则是其能够有效工作的基础。在任何情况下，所选择的原型滤波器都应该符合奈奎斯特准则。由于数字信号在传输过程中可能受到叠加干扰和噪声的影响导致波形失真，因此采用的原型滤波器必须能够使 FBMC 提取某个子载波的最大幅度值，且不受其他子载波幅度的干扰。故可以选择具有线性相位的奈奎斯特滤波器作为原型滤波器。除了发射机的滤波器组，接收机的匹配滤波器组也应该符合奈奎斯特准则，且这两种滤波器组需满足对称关系。所以，在选择原型滤波器时，需要确保其频域系数的平方也满足奈奎斯特定律。其次，原型滤波器需要使 FBMC 信号具有较小的带外衰减，带外衰减越小，系统的 ISI 就越小。当不再需要留出足够的保护间隔时，便不再需要 CP 抵抗 ISI，从而能大幅度提升系统的 SE。因此，在设计原型滤波器时，需要优化其带外衰减特性，以实现最优的系统性能。

4.1.2　原型滤波器

在 FBMC 系统中，滤波器的设计是至关重要的。滤波器的带外衰减由抽头系数决定，相邻滤波器之间的重叠系数由重叠因子 K 决定。提高 K 值，能有效提高系统的抽头系数，并在一定程度上消减系统的 ISI。因此，在实际系统设计中，需要综合考虑抽头系数和重叠因子 K 的取值，以达到最优的系统性能。对于子载波数量为 N_d 的多载波系统，其频率单元为 $1/N_d$。经过 K 倍上采样后，FBMC 符号的频率下降到 $1/(K \times N_d)$。该滤波器的频率响应 $g[k]$ 可以用以下公式表示：

$$g(f) = \sum_{k=-(K-1)}^{K-1} H_k \frac{\sin\left[\pi\left(f - \dfrac{k}{N_d K}\right) N_d K\right]}{N_d K \sin\left[\pi\left(f - \dfrac{k}{N_d K}\right)\right]} \tag{4-2}$$

式中：H_k 为原型滤波器的抽头系数。如 PHYDYAS 原型滤波器上采样系数（重叠因子）K 一般选择 2、3、4，对应的 H_k 取值一般如表 4-1 所示[91]。

表 4-1   原型滤波器频率响应抽头系数

K	H_0	H_1	H_2	H_3
2	1	$\sqrt{2}\,/\,2$	—	—
3	1	0.911438	0.411438	—
4	1	0.971960	$\sqrt{2}\,/\,2$	0.235147

图 4-2 显示了不同重叠因子 K 下的 FBMC 原型滤波器的脉冲响应。从图中可以观察到，上采样后的原型滤波器并没有产生明显的带外衰减，然而，随着重叠因子 K 的增加，滤波器组的带外衰减性能逐渐提高。随着 K 的增大，信号在频域中的重叠程度也增加，导致信号波形更加平滑，减少了时域上的突变，从而提高了滤波器的带外抑制能力。这意味着在实际系统中，重叠因子 K 需要根据实际情况进行选择，以平衡滤波器组的抗干扰能力和复杂度。

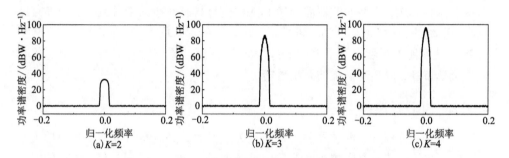

图 4-2 $K=2/3/4$ 条件下 FBMC 原型滤波器的脉冲响应

虽然采用此抽头系数的新原型滤波器拥有比 FFT 滤波器更强的抗 ISI 能力，但采样率的增加必然导致频移变小，最终导致相邻滤波器产生 ISI。相邻滤波器相互干扰，将该干扰定义为干扰滤波器，则其子信道系数可以定义为 G_k，且 $k=1,2,\cdots,K-1$。G_k 可由下式表达：

$$G_k = H_k \times H_{K-k} \tag{4-3}$$

式中：H_k 是该干扰滤波器的干扰系数。H_{K-k} 为 H_k 相邻干扰滤波器的干扰系数，且相邻滤波器之间存在对称性。

干扰滤波器的频率响应与重叠因子 K 有关。将其定义为 $G(f)$，表示方法与原型滤波器频移的频率响应类似，可表达为：

$$G(f) = \sum_{k=1}^{K-1} G_k \frac{\sin\left[\pi\left(f - \frac{k}{N_d K}\right) N_d K\right]}{N_d K \sin\left[\pi\left(f - \frac{k}{N_d K}\right)\right]} \tag{4-4}$$

该响应在时域上的表达式可由 IFFT 得到,以 4 倍上采样为例,时域脉冲响应表达式为:

$$
\begin{aligned}
\tilde{G}(t) &= \left[G_2 + 2G_1 \cos\left(2\pi\frac{t}{KT}\right)\right] \exp\left(\frac{\mathrm{j}\pi t}{T}\right) \\
&= \left[G_2 + 2G_1 \cos\left(2\pi\frac{t}{KT}\right)\right]\left[\cos\left(\frac{\pi t}{T}\right) + \mathrm{j}\sin\left(\frac{\pi t}{T}\right)\right]
\end{aligned} \tag{4-5}
$$

从式(4-5)可以看出,$\tilde{G}(0)$ 为实数,而 $\tilde{G}(1)$ 在 $t = T/2$ 的偶数倍时表现为实数,在 $t = T/2$ 的奇数倍时表现为纯虚数。因此增加频移甚至舍弃相邻子载波都是不可取的。

4.1.3　OQAM-FBMC

为了不降低信息速率,FBMC 中采用了 OQAM(Offset QAM)的调制方法。OQAM 的原理是传输偏移 QAM 符号,而不是 QAM 符号,在脉冲形状不同于矩形窗口的情况下,可以保持脉冲的正交性。如果将原本复数子载波的实部与虚部分开处理,在干扰为实数的子载波索引位置传输子载波的虚数部分,在干扰为虚数的子载波索引位置传输子载波的实数部分,那么在接收端还原信号时,分别处理实部与虚部可以忽略干扰滤波影响,使被还原信号更接近于发送端原始信号。

OQAM 的调制与解调过程如图 4-3 所示。

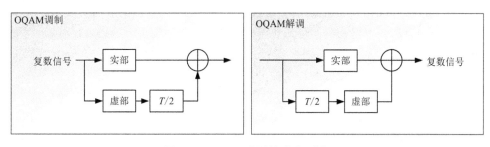

图 4-3　OQAM 调制与解调过程

无论是 OQAM 还是滤波器组,在接收端都是采用发送端的逆处理方法。FBMC 信号调制与解调框图如图 4-4 所示。

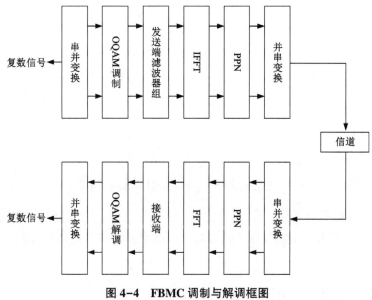

图 4-4　FBMC 调制与解调框图

4.2　基于分组交织预编码的双模索引调制 FBMC

近年来，FBMC 由于具有较低的带外干扰且不需要插入 CP 而逐渐应用于 VLC 系统中，进一步提高了系统的性能。因此，FBMC 被认为是一种 VLC 系统中 OFDM 的可行的替代方案。本节首次提出将 DMIM 应用于 FBMC，从而进一步提高基于 FBMC 的 VLC 系统的频谱效率。

OFDM 和 FBMC 等多载波符号与预编码矩阵之间的复数乘法的实现需要大量的加法器与乘法器，这无疑使得系统复杂度大幅增加，因而实现该 VLC 系统需要更多的硬件资源。本章提出一种信道无关分组交织预编码（GIP）方案来大幅降低系统的复杂度，复杂度降低的程度由分组的个数决定。此外，上文提到的一种基于索引调制子块的预编码方案（BP）将作为本章比较基准之一加入仿真与实验中。

综上，本书提出了一种基于分组交织预编码方案的 DMIM-FBMC，并在实际 VLC 系统中进行了实验验证。与传统的 FBMC、IM-FBMC 以及 DMIM-OFDM 相比，DMIM-FBMC 大大提高了系统的 SE。同时，本章提出了一种 GIP 方案来降低 DMIM-FBMC 系统的频率选择性衰落带来的性能损失。仿真和实验结果表明，GIP 方案与原始预编码（original precoding, OP）方案相比具有更好的性能，并大幅度降低了系统的计算复杂度。

4.2.1　分组交织预编码

GIP-DMIM-FBMC 的发射机与接收机框图如图 4-5 所示。

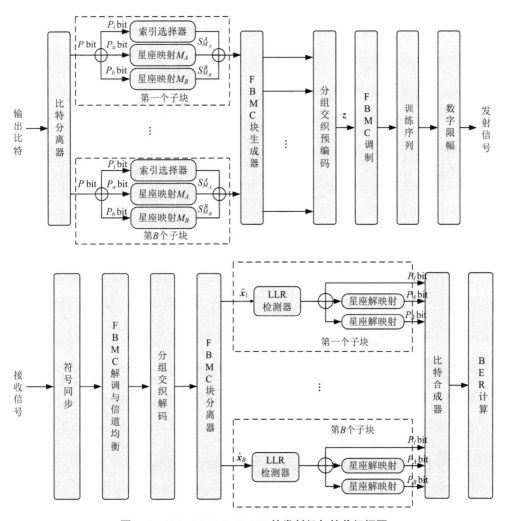

图 4-5　GIP-DMIM-FBMC 的发射机与接收机框图

从图 4-5 可以看出，多载波系统的双模索引调制具有相同的 DSP，因此，DMIM-FBMC 符号的生成过程与 DMIM-OFDM 一致。假设比特分流器将信息比特分为 B 个子块，每个子块 P 个比特，而 P 个比特又被分成 P_I 个索引比特与 $P_A + P_B$ 个符号比特。对于每个索引调制子块，子载波数量为 N，$N_d = N \times B$。其中 K 个子载波由 $M_A = [S_1^A, S_2^A, \cdots, S_{M_A}^A]$ 进行 M_A 元 QAM 调制，其余 $N-K$ 个子载波由 $M_B =$

$[S_1^B, S_2^B, \cdots, S_{M_B}^B]$ 进行 M_B 元 QAM 调制。每一个 DMIM-FBMC 符号 $\boldsymbol{x}$ 被定义为：

$$\boldsymbol{x} = [x_1, x_2, \cdots, x_{N_d}]^T = [s_1^{(1)}, \cdots, s_N^{(1)}, s_1^{(2)}, \cdots, s_N^{(2)}, \cdots, s_1^{(B)}, \cdots, s_N^{(B)}]^T$$

$$(4\text{-}6)$$

在 FBMC 块合成完毕后，DMIM-FBMC 符号被送入预编码器进行预编码。从式(4-6)可知，与维度为 $N_d \times 1$ 的 FBMC 符号相乘的预编码矩阵是 $N_d \times N_d$ 维的复数或实数矩阵。对于被预编码后的 DMIM-FBMC 符号，为降低预编码计算复杂度，本章提出了一种 GIP 方案。该方案将 DMIM-FBMC 符号交织并分组，在所有分组完成预编码后，再恢复每个子载波携带的信息。该方案的原理如图 4-6 所示。

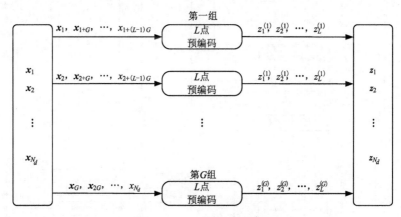

图 4-6 GIP 的 DSP 原理

GIP 的具体 DSP 过程如下：首先，将 $\boldsymbol{x}$ 分成 G 组。将每组的子载波数定义为 L，则 $L = N_d/G$。在这种分组方式下，DMIM-FBMC 符号 $\boldsymbol{x}$ 可改写为：

$$\boldsymbol{x} = [x_1, x_2, \cdots, x_{N_d}]^T = [q_1^{(1)}, \cdots, q_G^{(1)}, q_1^{(2)}, \cdots, q_G^{(2)}, \cdots, q_1^{(L)}, \cdots, q_G^{(L)}]^T$$

$$(4\text{-}7)$$

对于第 g 个分组的 DMIM-FBMC 符号 $\boldsymbol{f}_g$，可以表达为：

$$\boldsymbol{f}_g = [f_1, f_2, \cdots, f_G]^T$$
$$= [\underbrace{x_1, x_{1+G} \cdot \cdot, x_{1+(L-1)G}}_{f_1}, \underbrace{x_2, x_{2+G} \cdot \cdot, x_{2+(L-1)G}}_{f_2}, \cdots, \underbrace{x_G, x_{2G} \cdot \cdot, x_{LG}}_{f_G}]^T \quad (4\text{-}8)$$

式中：$g \in \{1, 2, \cdots, G\}$。每一个分组符号 $\boldsymbol{x}_g$ 的维度是 $L \times 1$，因此需要一个 $L \times L$ 的预编码矩阵 $\boldsymbol{C}$ 与之相乘。以 OCT 预编码矩阵为例，该矩阵由下式定义：

$$C = \frac{1}{\sqrt{L}} \begin{bmatrix} c_{1,1} & c_{1,2} & \cdots & c_{1,L} \\ c_{2,1} & c_{2,2} & \cdots & c_{2,L} \\ \vdots & \vdots & \ddots & \vdots \\ c_{L,1} & c_{L,2} & \cdots & c_{L,L} \end{bmatrix} \quad (4\text{-}9)$$

在此基础上，被预编码的第 g 组 DMIM-FBMC 符号 $\boldsymbol{z}_g$ 由下式计算得出：

$$\boldsymbol{z}_g = [z_g^{(1)}, z_g^{(2)}, \cdots, z_g^{(L)}]^{\mathrm{T}} = C\boldsymbol{x}_g = C \times [s_g^{(1)}, s_g^{(2)}, \cdots, s_g^{(L)}]^{\mathrm{T}}$$

$$= \frac{1}{\sqrt{L}} \left[\sum_{l=1}^{L} c_{1,l} \cdot s_g^{(l)}, \sum_{l=1}^{L} c_{2,l} \cdot s_g^{(l)}, \cdots, \sum_{l=1}^{L} c_{L,l} \cdot s_g^{(l)} \right] \tag{4-10}$$

式中：$l \in \{1, 2, \cdots, L\}$。在每组完成分组交织预编码后，重新组合的符号 $\boldsymbol{z}$ 可表示为：

$$\boldsymbol{z} = [z_1^{(1)}, z_1^{(2)}, \cdots, z_1^{(G)}, z_2^{(1)}, z_2^{(2)}, \cdots, z_2^{(G)}, \cdots, z_L^{(1)}, z_L^{(2)}, \cdots, z_L^{(G)}]$$

$$= \frac{1}{\sqrt{L}} \Big[\sum_{l=1}^{L} c_{1,l} \cdot s_1^{(l)}, \sum_{l=1}^{L} c_{2,l} \cdot s_1^{(l)}, \cdots, \sum_{l=1}^{L} c_{L,l} \cdot s_1^{(l)},$$

$$\sum_{l=1}^{L} c_{1,l} \cdot s_2^{(l)}, \sum_{l=1}^{L} c_{2,l} \cdot s_2^{(l)}, \cdots, \sum_{l=1}^{L} c_{L,l} \cdot s_2^{(l)}, \cdots,$$

$$\sum_{l=1}^{L} c_{1,l} \cdot s_G^{(l)}, \sum_{l=1}^{L} c_{2,l} \cdot s_G^{(l)}, \cdots, \sum_{l=1}^{L} c_{L,l} \cdot s_G^{(l)} \Big] \tag{4-11}$$

采用 OP 方案的复数预编码矩阵 C 与 DMIM-FBMC 符号 $\boldsymbol{x}$ 的运算公式如第 3.2.1 小节式（3-15）所示。以复数预编码矩阵为例，$\boldsymbol{x}$ 与 C 都是复数矩阵，每两个复数相乘需要用到的 1 个硬件加法器与 2 个乘法器。将每个加法器与乘法器的复杂度定义为 1，则采用 OP 方案生成 $\boldsymbol{z}$ 的复杂度为：$4 \times N_d^2$ 的乘法复杂度与 $4 \times N_d^2 - 2 \times N_d$ 加法复杂度。从式（4-10）可知，每个 GIP 分组采用 $L \times 1$ 的 DMIM-FBMC 符号与 $L \times L$ 的预编码矩阵生成 $\boldsymbol{z}_g$。从式（4-11）可知，完整的被预编码 DMIM-FBMC 符号 $\boldsymbol{z}$ 由 G 个 $\boldsymbol{z}_g$ 组成。因此，采用 GIP 方案生成 $\boldsymbol{z}$ 的复杂度为：$4 \times G \times L^2 = 4 \times N_d^2/G$ 的乘法复杂度与 $G \times (4 \times L^2 - 2 \times L) = 4 \times N_d^2/G - 2 \times N_d$ 的加法复杂度。当 DMIM-FBMC 的有效子载波数足够大时，OP 的加法复杂度可以近似认为是 $4 \times N_d^2$，GIP 的加法复杂度可以近似认为是 $4 \times N_d^2/G$。综上，无论是加法复杂度还是乘法复杂度，相比于 OP，GIP 的复杂度都下降为 OP 的 $1/G$。

4.2.2　噪声均衡

在 GIP 之后，符号将进行 FBMC 的滤波处理，大致流程如图 4-5 所示。在进行 OQAM 后，GIP-DMIM-FBMC 符号的实部与虚部被分离。将实部与虚部分别设为 $\boldsymbol{z}_R$ 与 $j\boldsymbol{z}_I$，选用的原型滤波器的抽头系数设为 H_k。其中，k 为重叠因子，即上采样与下采样系数。通常，k 是一个整数，经过接收机滤波器采样后，$\boldsymbol{z}_R$ 与 $\boldsymbol{z}_I$ 的矩阵维度都将扩展到 $1 \times kN_d$。为了使信号在 IFFT 之后变成实数信号，厄米特对称是必不可少的 DSP 处理。在完成 IFFT 之后，将 $\boldsymbol{z}_R$ 与 $\boldsymbol{z}_I$ 串联为一个信号传输给接收机。

接收机收到的信号 $\boldsymbol{y}$ 可表达为：

$$\boldsymbol{y} = [\boldsymbol{y}_R, \boldsymbol{y}_I]^{\mathrm{T}} = H[\boldsymbol{z}_R, \boldsymbol{z}_I] + \boldsymbol{n} = [H_R\boldsymbol{z}_R, H_I\boldsymbol{z}_I]^{\mathrm{T}} + [\boldsymbol{n}_R, \boldsymbol{n}_I]^{\mathrm{T}} \tag{4-12}$$

式中：$\boldsymbol{n}$ 是频率的加性高斯白噪声（additive gaussian white noise，AWGN）向量，其

组成是：

$$n = \left[\boldsymbol{n}_R, \boldsymbol{n}_1 \right]^T = \left[n_1, n_2, \cdots, n_{2 \times k \times N_d} \right]^T \tag{4-13}$$

式中：$n_i \sim \mathcal{NC}(0, \sigma^2)$，$i \in \{1, 2, \cdots, 2 \times k \times N_d\}$。$\boldsymbol{n}_R$ 与 $\boldsymbol{n}_1$ 分别是施加给发送信号 $\boldsymbol{z}_R$ 与 $\boldsymbol{z}_1$ 的 AWGN 向量。此外，$\boldsymbol{H}$ 为信道响应的对角线矩阵，且 $\boldsymbol{H} = \text{diag}\{h_1, h_2, \cdots, h_{2 \times k \times N_d}\}$。其中，$h_i$ 是第 i 个子载波的信道响应。$\boldsymbol{H}_R$ 与 $\boldsymbol{H}_1$ 分别是发送信号 $\boldsymbol{z}_R$ 与 $\boldsymbol{z}_1$ 的信道响应对角线矩阵，可表达为

$$H_R = \text{diag}\{h_1, h_2, \cdots, h_{k \times N_d}\}$$
$$H_1 = \text{diag}\{h_{1+k \times N_d}, h_{2+k \times N_d}, \cdots, h_{2 \times k \times N_d}\} \tag{4-14}$$

与发送端相同，接收端也需要将信号实部与虚部分开进行处理，因此，将接收到的信号 $\boldsymbol{y}$ 并联为 $\boldsymbol{y}_R$ 与 $\boldsymbol{y}_1$。为了消除多径效应引起的 ISI，需要对 $\boldsymbol{y}_R$ 与 $\boldsymbol{y}_1$ 分别做信道均衡。该过程是通过 $\boldsymbol{y}_R$ 与 $\boldsymbol{y}_1$ 分别乘以其对应的估计出的信道响应矩阵 H_R 与 H_1。然后，将信道均衡后的信号送入原型滤波器中进行滤波并完成 k 倍下采样。恢复的 GIP-DMIM-FBMC 符号 $\hat{z}$ 可以表示为

$$\hat{\boldsymbol{z}} = \hat{\boldsymbol{z}}_R + j\hat{\boldsymbol{z}}_1 = (\boldsymbol{z}_R + \hat{H}_R^{-1} \hat{\boldsymbol{n}}_R) + j(\boldsymbol{z}_1 + \hat{H}_1^{-1} \hat{\boldsymbol{n}}_1) = \boldsymbol{z} + \hat{H}_R^{-1} \hat{\boldsymbol{n}}_R + j(\hat{H}_1^{-1} \hat{\boldsymbol{n}}_1) \tag{4-15}$$

式中：$\hat{\boldsymbol{z}}_R$ 与 $j\hat{\boldsymbol{z}}_1$ 分别为 $\hat{z}$ 的实部与虚部。由于 k 倍下采样的影响，$\hat{\boldsymbol{z}}_R$ 与 $\hat{\boldsymbol{z}}_1$ 的信道响应对角矩阵与 AWGN 向量通过下式得出：

$$\begin{cases} \hat{H}_R = \text{diag}\{h_1, h_{k+1}, \cdots, h_{k \times (N_d-1)+1}\} \\ \hat{H}_1 = \text{diag}\{h_{1+k \times N_d}, h_{k \times (N_d+1)}, \cdots, h_{k \times (2N_d-1)+1}\} \\ \hat{\boldsymbol{n}}_R = \left[n_1, n_{k+1}, \cdots, n_{k \times (N_d-1)+1}\right]^T \\ \hat{\boldsymbol{n}}_1 = \left[n_{1+k \times N_d}, n_{k \times (N_d+1)}, \cdots, n_{k \times (2N_d-1)+1}\right]^T \end{cases} \tag{4-16}$$

完成 FBMC 解调后，$\hat{z}$ 将以发送端同样的方式进行分组交织后完成解码。对于第 g 组的符号 $\hat{\boldsymbol{z}}_g$，其解码后的符号 $\hat{\boldsymbol{x}}_g$ 可以表示为：

$$\hat{\boldsymbol{x}}_g = \boldsymbol{C}^{-1} \hat{\boldsymbol{z}}_g = \boldsymbol{C}^{-1} \boldsymbol{z}_g + \boldsymbol{C}^{-1} \hat{\boldsymbol{H}}_R^{-1(g)} \hat{\boldsymbol{n}}_R^{(g)} + \boldsymbol{C}^{-1} j\left[\hat{\boldsymbol{H}}_1^{-1(g)} \hat{\boldsymbol{n}}_1^{(g)}\right] = \boldsymbol{x}_g + \tilde{\boldsymbol{n}}_g \tag{4-17}$$

式中：$\tilde{\boldsymbol{n}}_g$ 为第 g 组符号的频域噪声因子，可以进一步表示为：

$$\tilde{\boldsymbol{n}}_g = \boldsymbol{C}^{-1} \hat{\boldsymbol{H}}_R^{-1(g)} \hat{\boldsymbol{n}}_R^{(g)} + j\left[\boldsymbol{C}^{-1} \hat{\boldsymbol{H}}_1^{-1(g)} \hat{\boldsymbol{n}}_1^{(g)}\right]$$
$$= \frac{1}{\sqrt{L}}\left[\sum_{l=1}^{L} \frac{\hat{n}_{R, g+(l-1)G}}{\hat{h}_{R, g+(l-1)G}} c_{l,1}^*, \sum_{l=1}^{L} \frac{\hat{n}_{R, g+(l-1)G}}{\hat{h}_{R, g+(l-1)G}} c_{l,2}^*, \cdots, \sum_{l=1}^{L} \frac{\hat{n}_{R, g+(l-1)G}}{\hat{h}_{R, g+(l-1)G}} c_{l,L}^*\right]^T +$$
$$\frac{j}{\sqrt{L}}\left[\sum_{l=1}^{L} \frac{\hat{n}_{1, g+(l-1)G}}{\hat{h}_{1, g+(l-1)G}} c_{l,1}^*, \sum_{l=1}^{L} \frac{\hat{n}_{1, g+(l-1)G}}{\hat{h}_{1, g+(l-1)G}} c_{l,2}^*, \cdots, \sum_{l=1}^{L} \frac{\hat{n}_{1, g+(l-1)G}}{\hat{h}_{1, g+(l-1)G}} c_{l,L}^*\right]^T \tag{4-18}$$

式中：$l \in \{1, 2, \cdots, L\}$ 且 $g \in \{1, 2, \cdots, G\}$。由于预编码矩阵均衡了整个子载波的频域噪声，因此不难得出结论，在每个 GIP 分组符号的频域噪声都能被均衡到相对统一的水平。对于第 g 个 GIP 分组的第 i 个子载波的 SNR 可以通过下式计算

得出：

$$\mathrm{SNR}_l^{(g)} = \frac{L}{\sigma^2 \sum\limits_{l=1}^{L} 1/\left|\hat{h}_{g+(l-1)G}\right|^2} = \frac{L}{\sigma^2 \sum\limits_{l=1}^{L} 1/\left|h_{k(g+(l-1)G-1)+1}\right|^2} \tag{4-19}$$

4.2.3　实验装置及结果分析

1. 实验参数

仿真与实验的部分参数设置如表 4-2 所示。FFT/IFFT 点数设置为 256，每个 FBMC 符号的数据子载波和空子载波分别设置为 240 和 16。此外，每个索引调制子块含有的子载波数 $N=4$。通过计算，忽略 TS 的 DMIM-FBMC 的 SE 保持在 4.5 bit/s/Hz。因此，实验与仿真中 IM-FBMC 采用 256QAM 调制，以保持与 DMIM-FBMC 相同的 SE。滤波器组采用 PHYDYAS 原型滤波器。

表 4-2　仿真与实验的部分参数设置

参数	值
FBMC 子块 SE	4.5 bit/s/Hz
IM-FBMC 调制格式	256QAM
DMIM-OFDM 调制格式	16QAM
IFFT/FFT 点数	256
每 FBMC 的数据子载波数	240
上/下采样重叠因子	4
ADC 采样率	10 GSa/s
每帧 FBMC 符号的 TS 长度	1
参数	值
每帧的 FBMC 符号数	100
LED 传输距离	0.5 m

系统的仿真在 MATLAB 中完成，通过发射信号与 20 抽头的信道脉冲响应（CIR）进行二维卷积后加入 AWGN，得到接收端信号。该 CIR 通过实际 VLC 信道测量获得。

图 4-7 为 VLC 系统 GIP-DMIM-FBMC 的实验框图。实验设备由发射机、可见光信道和接收机组成。在发送端，首先在 MATLAB 中生成 PRBS。然后，

在 MATLAB 中利用 DSP 使 PRBS 离线生成数字 GIP-DMIM-FBMC 信号。GIP-DMIM-FBMC 信号输入任意波形发生器(arbitary waveform generator，AWG)后，驱动 DAC 实现数模转换。接下来，GIP-DMIM-FBMC 模拟信号通过 LPF，并通过 Bias-Tee 添加直流电流(DC)。随后，GIP-DMIM-FBMC 模拟电信号通过蓝色 LED 转换成可见光信号。最后，LED 发出的可见光信号经平凸透镜聚焦准直后进入自由空间并传输 0.5 m。在接收端，可见光信号由平凸透镜聚焦后，由接收器上的光电探测器检测，并使用 EA 放大信号。然后，信号进入 DSO，DSO 配备 10 位 ADC。因此，GIP-DMIM-FBMC 模拟电信号进入 DSO 后实现模数转换，其中，DSO 的采样速率为 10 GSa/s。最后，将 GIP-DMIM-FBMC 数字信号上传到计算机，在 MATLAB 中进行 DSP 处理。

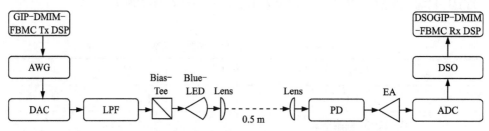

图 4-7　VLC 系统 GIP-DMIM-FBMC 的实验框图

2. 结果分析

图 4-8 给出了无预编码 DMIM-FBMC、OP-DMIM-FBMC 和不同分组 GIP-DMIM-FBMC 的 BER 和信噪比的仿真关系。在仿真中，将各子块中双模式所对应的子载波数 K 设置为 2，重叠因子 k 设置为 4，预编码矩阵以 OCT 作为示例。在 HD-FEC 编码极限(BER=3.8×10^{-3})下，G 为 2~15 的 GIP 方案即使大幅度降低了预编码计算复杂度，但仍表现出与 OP 方案相同的性能。其中，G=15 的 GIP 方案能降低预编码 93.33% 的复杂度，计算复杂度如表 4-3 所示。当分组超过 30 时，GIP-DMIM-FBMC 的 BER 性能显著降低。与 OP-DMIM-FBMC 相比，G=30 时的 GIP-DMIM-FBMC 和 G=60 时的 GIP-DMIM-FBMC 的误码性能分别降低了 0.5 dB 和 1.3 dB。因此，综合误码性能与复杂度，后续仿真与实验选择 G=15 的 GIP-DMIM-FBMC 与其他系统作对比。

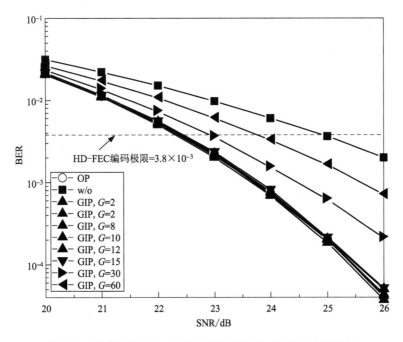

图 4-8　不同分组 GIP-DMIM-FBMC/OP-DMIM-FBMC/
传统 DMIM-FBMC 的误码性能比较

表 4-3　子载波数为 240 时采用 OP 与 G=15 的 GIP 方案的计算复杂度

预编码矩阵	乘法器(OP)	加法器(OP)	乘法器(GIP)	加法器(GIP)
复数矩阵	230400	229920	15360	14880
实数矩阵	57600	57360	3840	3600

图 4-9 展示了 $G=15$ 时的 GIP-DMIM-FBMC 的仿真测量 BER 与信噪比的关系, 未预编码的 IM-FBMC、未预编码的 DMIM-FBMC、BP-DMIM-FBMC、OP-DMIM-FBMC 为其对比项。可以看出, BP 方案并不能提高 VLC 中 DMIM-FBMC 系统的 BER 性能。在相同 SE 下, 未预编码的 DMIM-FBMC 的误码性能远优于未预编码的 IM-FBMC。这是因为 DMIM-FBMC 采用了对 VLC 信道噪声和功率衰落更不敏感的低阶调制格式进行调制与解调。此外, 与未预编码的 DMIM-FBMC 相比, OP-DMIM-FBMC 和 GIP-DMIM-FBMC 在 HD-FEC 编码极限下的 SNR 从 24.8 dB 降低到 22.3 dB。因此, 与未预编码的 DMIM-FBMC 相比, 具有 OP 和 GIP 的 DMIM-FBMC 可以获得 2.5 dB 的信噪比增益。

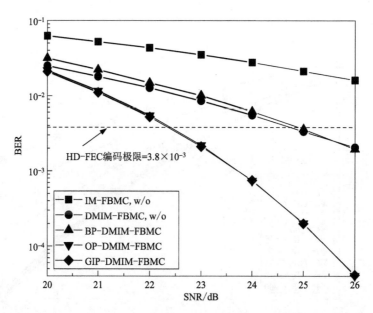

图 4-9　IM-FBMC/DMIM-FBMC/不同预编码方案的 DMIM-FBMC 误码性能对比

　　图 4-10 为图 4-9 中各 DMIM-FBMC 方案在 SNR=26 时的接收端星座图。图 4-10(a)~图 4-10(d) 对应的方案分别是:无预编码 DMIM-FBMC、BP-DMIM-FBMC、OP-DMIM-FBMC、GIP-DMIM-FBMC。在不进行预编码的情况下,DMIM-FBMC 的星座点散乱,存在大量受噪声影响较大的子载波。这种情况极大地增加了 QAM 解调与 LLR 检测的误判概率。从图 4-10(b) 可以看出,BP 方案并没有解决 DMIM-FBMC 星座点散乱的问题,因此,其误码性能并没有得到提升。相反,从图 4-10(c) 与图 4-10(d) 不难看出,采用 OP 与 GIP 方案的星座明显更加收敛,接收端收到的子载波的星座点更接近于发送端。因此,经过预编码的 DMIM-FBMC 的 LLR 检测与 QAM 解调误判的概率更低。这进一步证明本书所提出 GIP 方案不逊于 OP 方案,并直接表现在误码性能上。

　　图 4-11 展示了图 4-9 中无预编码的 DMIM-FBMC 与 $G=15$ 的 GIP-DMIM-FBMC 的索引位与符号位 BER 性能。可以看出,随着 SNR 的增加,索引位的 BER 下降速度比符号位更快,这表明索引位对 SNR 的敏感程度高于符号位。另外,索引位的 BER 小于符号位,由星座映射器 M_B 调制的符号的 BER 小于由星座映射器 M_A 调制的符号的 BER,这是因为,相比 M_A,M_B 的星座点之间的最小欧氏距离最大值更大。

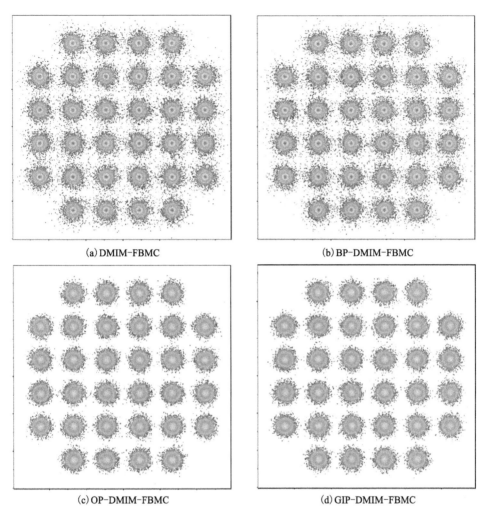

(a) DMIM-FBMC

(b) BP-DMIM-FBMC

(c) OP-DMIM-FBMC

(d) GIP-DMIM-FBMC

图 4-10　SNR=26 dB 时不同方案的接收端星座图

（扫描目录页二维码查看彩图）

图 4-12 展示了无预编码的 DMIM-FBMC 以及分别采用了 DFT 与 OCT 预编码的 GIP-DMIM-FBMC 三种方案在重叠因子 $k=2\sim4$ 时的 BER 曲线。原型滤波器选择 PHYDYAS 滤波器，该滤波器的抽头系数的频域参数如表 4-1 所示。从图 4-12 可以看出，无论是无预编码的 DMIM-FBMC 还是 GIP-DMIM-FBMC，在 $k=2$ 时的性能都略低于 $k=3$ 与 $k=4$ 时的性能。对于采用 DFT 预编码的 GIP-DMIM-FBMC，在 $k=2$ 时 BER 性能受到的影响比采用 OCT 预编码的 GIP-DMIM-FBMC 更大。值得注意的是，当 $k=2$ 时，所有方案的性能都有所下降，这是因为重叠因子过小导致系统中的 ISI 和 ICI 加剧。为了进一步探究产生这一性能差距

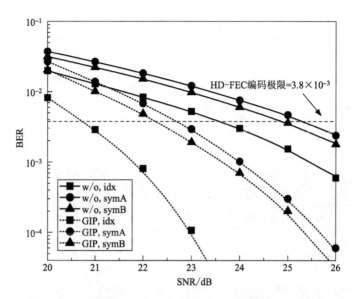

图4-11　无预编码 DMIM–FBMC 与 GIP–DMIM–FBMC
的索引位与符号位 BER 性能比较

的原因，图4-13 给出了 $k=2$ 与 $k=3$ 时的各系统数据子载波的估计 SNR。从图中可以看出，相比于 $k=3$ 的无预编码的 DMIM–FBMC 系统，$k=2$ 时无预编码的 DMIM–FBMC 系统的低频子载波 SNR 存在明显的衰落，这一现象导致了 $k=2$ 时系统 BER 性能受到影响。此外，相比于 OCT 预编码以及 $k=3$ 时的 DFT 预编码，$k=2$ 时使用 DFT 预编码的 DMIM–FBMC 符号的边缘子载波存在严重的 SNR 衰落。这是因为重叠因子越小，FBMC 系统的带外衰减干扰越大，而 DFT 的抗带外衰减能力低于 OCT。因此，在 $k=2$ 的 DMIM–FBMC 系统中应该使用 OCT 矩阵进行预编码，在使用 DFT 等抗带外衰减能力低的预编码矩阵时，应该增大滤波器的重叠因子来改善系统性能。这些结果对于 FBMC 系统的设计和优化提供了有益的参考。

图4-14 为无预编码 DMIM–FBMC 与 DFT/OCT 的 GIP–DMIM–FBMC 三种系统在不同子载波分配方案下的 BER 性能对比。其中，每个索引调制子块中由 M_A 映射的子载波数为 K。不同 K 值的 DMIM 索引与符号查找表如表 4-4 所示。从图4-14 可以看出，对于所有系统，随着由 M_A 映射的符号的比例增加，系统逐渐得到了更优的 BER 性能。从星座图可知，星座点位于内圈的 M_A 是低功率星座映射器，星座点位于外圈的 M_B 则是比 M_A 功率更高的星座映射器。随着 K 的增加，星座点向中间汇聚，因此，整体由 M_A 与 M_B 映射的双模星座的平均功率降低。这意味着当 K 增加时，星座点之间的最小欧氏距离最大值增加。因此，K 越

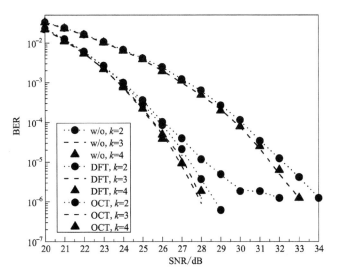

图 4-12 无预编码 DMIM-FBMC 与 DFT/OCT 的 GIP-DMIM-FBMC
在不同重叠因子 *k* 下的 BER 与 SNR 关系

（扫描目录页二维码查看彩图）

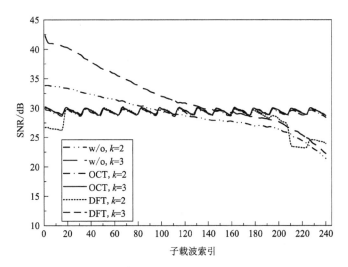

图 4-13 无预编码 DMIM-FBMC 与 DFT/OCT 的 GIP-DMIM-FBMC
在不同重叠因子下的估计的 SNR 与不同数据子载波的关系

（扫描目录页二维码查看彩图）

大抗噪声性能越强。对于无预编码的 DMIM-FBMC，相比于 $K=1$ 和 $K=2$ 的系统，$K=3$ 的系统在 HD-FEC 编码极限下分别获得了 1.2 dB 和 1.9 dB 的增益。对于 DFT 与 OCT 增强的 GIP-DMIM-FBMC，相比于 $K=1$ 和 $K=2$ 的系统，$K=3$ 的系统在 HD-FEC 编码极限下分别获得了 1.2 dB 和 2.1 dB 的增益。此外，在 $K=3$ 时，GIP-DMIM-FBMC 相比于无预编码的 DMIM-FBMC 仍能获得 2.5 dB 的性能增益。

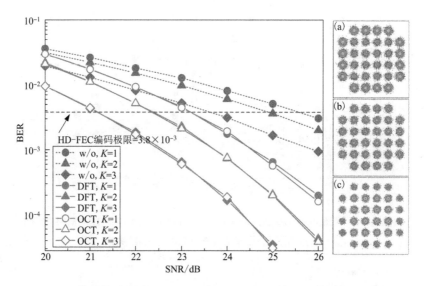

**图 4-14　无预编码 DMIM-FBMC 与 DFT/OCT 的 GIP-DMIM-FBMC
在不同子载波分配方案下的 BER 性能对比及不同 K 的系统接收端星座图**
（扫描目录页二维码查看彩图）

表 4-4　DMIM 在 $N=4$, $K=1/2/3$ 时的查找表

索引比特	$K=1$		$K=2$		$K=3$	
	索引	子块分配	索引	子块分配	索引	子块分配
[0,0]	[1]	$[S_i^A, S_i^B, S_j^B, S_l^B]$	[1,2]	$[S_i^A, S_j^A, S_i^B, S_j^B]$	[1,2,3]	$[S_i^A, S_j^A, S_l^A, S_i^B]$
[0,1]	[2]	$[S_i^A, S_i^A, S_j^B, S_l^B]$	[2,3]	$[S_i^B, S_i^A, S_j^A, S_j^B]$	[1,2,4]	$[S_i^A, S_j^A, S_i^A, S_l^A]$
[1,0]	[3]	$[S_i^B, S_j^B, S_i^A, S_l^B]$	[3,4]	$[S_i^B, S_j^B, S_i^A, S_l^A]$	[1,3,4]	$[S_i^A, S_i^B, S_j^A, S_l^A]$
[1,1]	[4]	$[S_i^B, S_j^B, S_l^B, S_i^A]$	[1,4]	$[S_i^A, S_j^B, S_j^B, S_i^A]$	[2,3,4]	$[S_i^B, S_i^A, S_j^A, S_l^A]$

图 4-15(a)为本实验中使用蓝色 LED 的实测电流-电压-功率曲线。可以看出，电压在 3.38～3.43 V 的范围内，正向电压的电流和相对输出功率呈线性增加，这是因为此时 LED 在正向工作区间内，其输出光强度与电流呈线性关系。因此，本章中实验设定的偏置电流为 90 mA，对应的偏置电压为 3.41 V。本实验中使用的蓝色 LED 的频率响应曲线如图 4-15(b)所示，当频率响应为 -3 dB 时，LED 的带宽为 90 MHz。

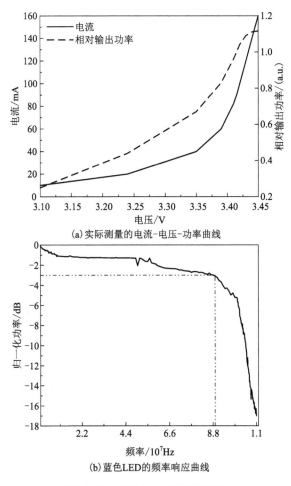

(a) 实际测量的电流-电压-功率曲线

(b) 蓝色LED的频率响应曲线

图 4-15　蓝色 LED 的实测曲线

在实验中，通过调整 AWG 的采样速率与重采样倍率来调节信息速率，通过实际信道传输并测量各个系统在不同传输速率下接收到的信号的 BER，它们的 BER 随信息速率变动的曲线如图 4-16 所示。为了证明 GIP 对所有预编码矩阵的通用性，我们将 DFT、OCT、ZCT 和 CAZAC 预编码矩阵应用于 GIP。此外，实验中还比较了无预编码的 IM-FBMC、无预编码的 DMIM-FBMC、OP-DMIM-FBMC、$G=8$ 的 GIP-DMIM-FBMC 以及 $G=15$ 的 GIP-DMIM-FBMC 的性能。当数据的传输速率小于 1000 Mbps 时，GIP-DMIM-FBMC 与 OP-DMIM-FBMC 的误码性能超过无预编码的 DMIM-FBMC 与 IM-FBMC。IM-FBMC 由于使用了更高阶的 QAM 调制格式，因此对噪声更加敏感，BER 无法达到 HD-FEC 编码极限。与之相比，无预编码的 DMIM-FBMC 系统在速率低于 750 Mbps 时达到 HD-FEC 编码极限，而 GIP-DMIM-FBMC 与 OP-DMIM-FBMC 系统在速率低于 540 Mbps 时达到 HD-FEC 编码极限。不难得出结论，在保证达到 HD-FEC 编码极限的条件下，预编码使得系统传输速率提升了 35% 以上。信息速率继续下降时，不同预编码方案之间开始显示出差距。当信息速率达到 500 Mbps 以下时，使用 OCT 预编码的 DMIM-FBMC 实现了无误码，而其他预编码方案无法达到 0 误码率。这是由于 OCT 预编码具有更好的抗带外衰减能力。

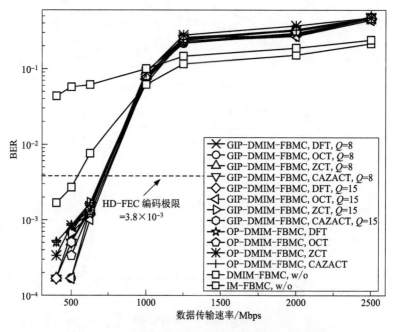

图 4-16 不同系统的 BER 与数据传输速率之间的关系
(扫描目录页二维码查看彩图)

在信息速率为 500 Mbps 时，图 4-17 所示不同数据子载波的索引与信噪比估计关系显示了 VLC 系统的频率选择性衰落对高频子载波的影响。图 4-17(a) 与图 4-17(b) 分别为无预编码的 IM-FBMC 系统与 DMIM-FBMC 系统。可以看出，它们的高频子载波的信噪比明显低于低频波的信噪比，最高达到了 18 dB。这表明 VLC 系统的信道条件受到频率选择性衰落的影响。由图 4-17(c) ~ 图 4-17(f) 可知，使用了 DFT、OCT、ZCT 和 CAZACT 预编码的 DMIM-FBMC 方案可以有效解决这个问题，使数据子载波的信噪比均衡到相对平坦的水平。结果表明，GIP 和 OP 预编码均可以实现这一目标。此外，GIP 方案适用于所有预编码矩阵，这证明了 GIP 方案的通用性。

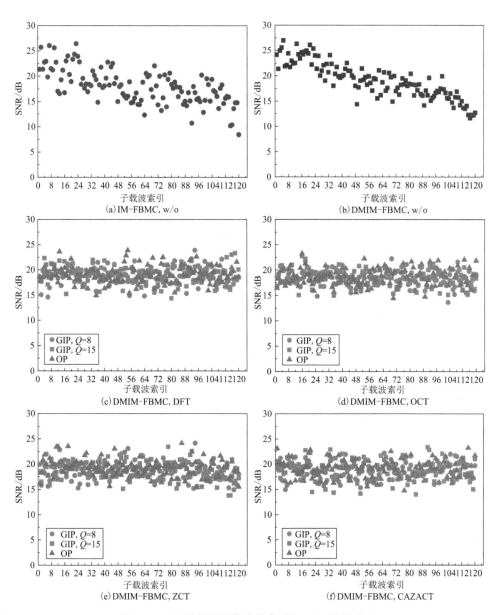

图 4-17　不同数据子载波的索引与 SNR 估计关系

（扫描目录页二维码查看彩图）

第5章 多载波可见光
通信的采样频偏补偿

5.1 采样频偏

在无线通信环境中，发送端将基带信号经过载波调制，转换为适合在信道中传输的带通信号。在接收端，需要提供一个与已调信号同频同相的本地载波，通过滤波器与接收信号相乘，以恢复原始的基带信号。然而，信号以电磁波的形式传输，在传输过程中会受到干扰的影响。其中一种干扰是由大气层对电波的色散和折射引起的多径效应，另一种干扰是由多普勒频移引起的载波频率偏差（carrier frequency offset，CFO）。尽管我们希望在发送端和接收端产生相同频率的载波，但由于振荡器的固有物理特性不同，载波频率很难完全保持一致。

直接检测光无线通信系统同样对频偏非常敏感，但在接收端不需要进行相干解调，因此不需要考虑 CFO。此外，传输信道通常是静态信道，在这种情况下，我们主要关注的是数模转换器（digital to analog converter，DAC）和模数转换器（analog to digital converter，ADC）之间的采样频率偏移。然而，在实际应用中，晶振及其外围电路的驱动导致时钟信号不稳定。因此，在系统中不可避免地存在采样频率偏移（sampling frequency offset，SFO）。图 5-1(a) 所示为 SFO>0 时的情况，即发送端 DAC 的采样时钟频率大于接收端 ADC 的采样时钟频率；而图 5-1(b) 展示了 SFO<0 时的情况，即发送端 DAC 的采样时钟频率小于接收端 ADC 的采样时钟频率。从图 5-1 可以看出，随着定时偏差的积累，接收端的采样时刻会偏离正常的采样位置，最终导致干扰间串扰（inter-carrier interference，ICI），降低系统性能。

SFO 的影响主要包括幅度衰减、ICI、ISI，以及子载波相移（subcarrier phase offset，SPO）四个方面。幅度衰减可由信道均衡抵消。当 SFO 不是很大时，ICI 可视为加性噪声，不作处理。而只要在 FFT 窗前部和后部分别插入的 CP 和循环后缀（cyclic suffix，CS）的长度 N_{CP} 和 N_{CS} 均大于信道多径时延，就可以避免由 SFO 引入的 ISI，即满足以下数量关系

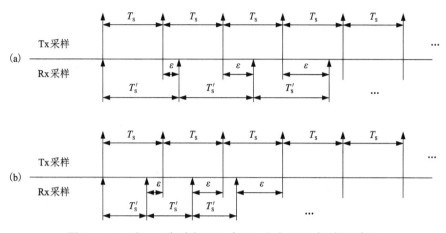

图 5-1　(a)和(b)分别为 SFO 大于 0 和小于 0 时采样示意图

$$\frac{N(N_{\mathrm{TS}}+N_{\mathrm{Sym}})\,|\Delta_f|}{1-2\times(N_{\mathrm{TS}}+N_{\mathrm{Sym}})\,|\Delta_f|}\leqslant\begin{cases}N_{\mathrm{CP}}\\N_{\mathrm{CS}}\end{cases} \tag{5-1}$$

式中：N 是 IFFT/FFT 点数；N_{TS} 和 N_{Sym} 分别代表每帧中 TS 和 OFDM 符号数，Δ_f 是归一化的 SFO。

5.2　采样频偏估计方法

　　SFO 估计主要分为两大类：第一类是通过硬件类来实现，其中硬件类又可以分两种，一种是采用精密的可调时钟电路降低系统的采样时钟频率偏移，这种对时钟和电路系统要求比较高，因此在实际中成本较高；另一种是通过外部压控振荡器控制 ADC 时钟频率以补偿 SFO 效应，这种需要高精度和稳定的压控振荡器，虽然该方法具有一定的可行性，但无疑会增加系统的复杂度。第二类则是通过数字信号处理方法来实现，这种方式无需额外的硬件开销，成本更低廉，其中基于数字信号处理方法的采样时钟频率偏移估计算法又可以分四种，第一种是基于导频估计与补偿方法，该方法在 OFDM 符号中牺牲若干个子载波插入导频符号，虽然可以获得更大的估计范围，但是降低了系统频谱效率；第二种是基于 TS 估计与补偿方法，相比基于导频估计方法，这种方法降低了系统的复杂度，提高了频谱效率，但是需要多个 TS 和严格的 OFDM 帧结构以确保两个连续 OFDM 帧之间的间隙保持不变，在实际应用中数据速率传输不灵活且难以控制，因此限制了 SFO 的估计补偿范围；第三种是使用四阶多项式插值器，这种方法虽然具有复杂度低和较好的灵活性等优点，但是高阶数字内插器是以 DSP 复杂度为代价来补偿

SFO 的，同时会导致 ADC 的采样速率降低和振荡器不稳定，另外会占用 FPGA 板上大部分硬件资源；第四种是基于预编码方法，该方法不仅限制了估计范围，而且会增加收发器之间的复杂度。

5.2.1　基于导频的采样频偏估计

基于导频的采样频偏估计方法最早应用在无线通信系统，最近几年才被应用到光通信系统中，可以有效地补偿 SFO 引起的损伤。其基本思想是首先在发送端在每个 OFDM 符号中插入若干个已知的导频符号，结构如图 5-2 所示，经过串并变换和 IFFT 一系列操作后，在接收端提取插入的导频符号，再估计出 SFO 的相关量并用于补偿所有符号上的残留相位。对于 N 点 IFFT-FFT 的直接检测光 OFDM 系统，信道均衡后，在导频子载波上的残留相位为：

$$\varphi'_{mk_i} = \arg\{y_{mk_i}/x_{mk_i}\}, \ i = [1, 2, \cdots, N], \ k_i \in P \tag{5-2}$$

式中：N 为插入导频的个数，P 为发送的 N 个导频符号子载波索引，φ'_{mk_i} 是第 m 个 OFDM 符号中第 ki 个导频子载波所估计得到的估计相位值，$\arg\{\cdot\}$ 表示求角度操作，而 x_{mk_i} 与 y_{mk_i} 分别为发送和接收的第 m 个 OFDM 上第 k 个导频子载波上的数据，由于发送端 IFFT 变换做了共轭对称输出的是实数信号，因此只需要使用 $N/2$ 的导频符号估计值，通过最小二乘线性拟合来计算第 m 个数据 OFDM 符号的 SFO 相关量：

$$s'_m = \sum_{i=1}^{N/2} k_i \varphi'_{mk_i} \Big/ \sum_{i=1}^{N/2} k_i^2 \tag{5-3}$$

式中：s'_m 为估计的子载波上由 SFO 引入的残留相位，最后为了对 SFO 进行补偿，在接收端解调之前对第 m 个 OFDM 符号上的子载波乘以一个因子 $\exp(-jks'_m)$。另外子载波索引 k 和残留相位 φ'_{mk_i} 可以看作对应平面中的一个点，s'_m 也可以被认为是一半的导频索引与残留相位之间的直线斜率。

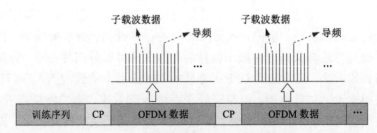

图 5-2　基于导频的采样频偏估计结构图

5.2.2　基于训练序列的采样频偏估计

基于训练序列(training sequence, TS)的基本思想是:在发送端将第一个训练序列放在 OFDM 帧的前面,再将第二个相同的训练序列放在 OFDM 帧的末尾,在两个训练序列中间添加 N_T 个 OFDM 符号,如图 5-3 所示是基于训练序列的采样频偏估计结构。SFO 估计方法可以被划分为以下几步:首先,使用训练序列进行信道估计;其次,根据信道估计结果,最后一个训练序列上第 k 个子载波和前面一个训练序列上的第 k 个子载波由 SFO 引入的相位角度差可以表示为:

$$\varphi_k = \arg(L_k / F_k) \tag{5-4}$$

式中:L_k 和 F_k 分别是最后一个训练序列和前面一个训练序列上所估计得到的第 k 个子载波上的信道响应因子,$\arg(\cdot)$ 表示取角度操作,为了提高估计精度,使用最小二乘法获得线性拟合曲线的估计斜率 $\hat{S}$ 可以表示为:

$$\hat{S} = \left(\sum_{k=1}^{N_{\text{data}}} k \cdot \varphi_k \right) / \left(\sum_{k=1}^{N_{\text{data}}} k^2 \right) \tag{5-5}$$

式中:N_{data} 为 OFDM 符号中数据子载波的个数,因此第 k 个子载波上的残留相位偏差可以表示为:

$$\hat{\varphi}_k = \hat{S} \cdot k \tag{5-6}$$

随后,当 SFO 相对稳定时,两个连续的 OFDM 符号的第 k 个子载波之间的 SFO 引起的相位旋转量 $\hat{\varphi}_k$ 可以认为几乎是恒定的。因此,φ_k 可以估算为:

$$\varphi_k = \hat{\varphi}_k / (1 + N_T) \tag{5-7}$$

因此最终获得角度估计值可以用于 SFO 估计,为了补偿采样频偏,在接收端解调前必须在第 m 个 OFDM 符号上的第 k 个子载波上乘以一个旋转因子 $\exp[-\mathrm{j}\varphi_k(m+1)]$。

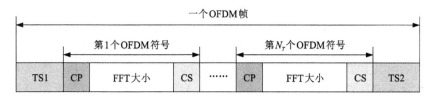

图 5-3　基于训练序列的采样频偏估计结构图

5.3 基于子载波符号的采样频偏盲估计

5.3.1 子载波符号提取

在发送端，假设 OFDM 帧由单个训练序列和多个 OFDM 数据符号组成，在接收端，单个训练序列主要用来进行符号同步和信道估计，一旦完成帧同步，接收到的训练序列在频域可以表示为：

$$R_{i,k}^{\mathrm{TS}} = S_{i,k}^{\mathrm{TS}} \cdot H_{i,k} + W_{i,k} \tag{5-7}$$

式中：$S_{i,k}^{\mathrm{TS}}$ 和 $R_{i,k}^{\mathrm{TS}}$ 分别是发送端和接收端在频域第 i 帧中第 k 个子载波数据，$H_{i,k}$ 是第 i 帧中 TS 上第 k 个子载波上的信道响应，$W_{i,k}$ 表示高斯噪声，通过使用 TS，用最小二乘法估计得到的信道响应可以写成：

$$\hat{H}_{i,k} = R_{i,k}^{\mathrm{TS}} / S_{i,k}^{\mathrm{TS}} = H_{i,k} + W_{i,k} / S_{i,k}^{\mathrm{TS}} = H_{i,k} + W_{i,k}' \tag{5-8}$$

由于 TS 位于每个 OFDM 帧的首部，因此由 SFO 对信道估计造成的影响可以忽略不计，然而，信号经过传输后 FFT 符号窗口会偏离其正常位置，因此存在 ISI、ICI 和相位旋转。如果使用合适的 CP 和 CS 长度，SFO 引入的 ISI 就可以被忽略，为了避免采样频偏引入 ISI，CP 和 CS 的长度和 OFDM 符号长度 N_t 之间需满足以下关系：

$$(N_{\mathrm{FFT}} + N_{\mathrm{CP}} + N_{\mathrm{CS}})(N_t + 1) |\Delta| < \begin{cases} N_{\mathrm{CP}}, & \Delta > 0 \\ N_{\mathrm{CS}}, & \Delta < 0 \end{cases} \tag{5-9}$$

从式(5-9)中可知 SFO 不会增加 ISI，但增加 CP 和 CS 的长度，会增加系统的传输负担。幸运的是当 SFO 不够大时，SFO 引入的 ICI 可以看作添加的噪声，因此，SFO 补偿主要是纠正 SFO 引起的相位旋转。当系统以异步方式工作时，接收到的 OFDM 信号可以表示为：

$$R_{i,m,k} = S_{i,m,k} \cdot H_{i,k} \cdot \mathrm{e}^{-\mathrm{j}2\pi k \alpha m \Delta} + W_{i,m,k} \tag{5-10}$$

式中：$S_{i,m,k}$，$R_{i,m,k}$ 分别是第 i 个 OFDM 帧上第 m 个 OFDM 符号中第 k 个发送端和接收端频域子载波数据，$\alpha = (N_{\mathrm{FFT}} + N_{\mathrm{CP}} + N_{\mathrm{CS}}) / N_{\mathrm{FFT}}$，$N_{\mathrm{FFT}}$ 表示 FFT 的大小，N_{CP} 和 N_{CS} 分别是 CP 和 CS 的长度。DAC 和 ADC 之间的 SFO 可以定义为 $\Delta = (f_t - f_r) / f_r$，其中 f_t 和 f_r 分别是发射机和接收机的采样频率，经过迫零均衡后，接收的数据可以进一步表示为：

$$\hat{R}_{i,m,k} = R_{i,m,k} / \hat{H}_{i,k} = S_{i,m,k} \cdot H_{i,k} / (\hat{H}_{i,k} \cdot \mathrm{e}^{-\mathrm{j}2\pi k \alpha m \Delta}) + W_{i,m,k} / \hat{H}_{i,k}$$

$$= S_{i,m,k} \cdot \kappa \mathrm{e}^{\mathrm{j}\vartheta_k} \cdot \mathrm{e}^{-\mathrm{j}2\pi k \alpha m \Delta} + W_{i,m,k}' \tag{5-11}$$

式中：$\kappa \mathrm{e}^{\mathrm{j}\vartheta_k}$ 是由于不准确的信道估计而产生的残余频率响应，所提出的 SFO 估计方案主要是通过提取 i 个 OFDM 帧上第 m 个 OFDM 符号中第 k 个子载波数据后，使用四次方原理精确地得到由 SFO 造成的残留相位,如图 5-4 所示为基于单个子载波符号提取 SFO 盲估计原理框架图。

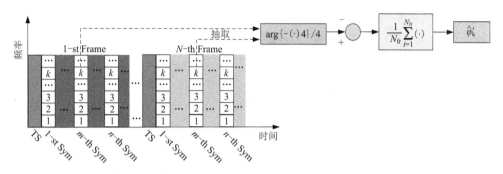

图 5-4　基于单个子载波符号提取 SFO 盲估计原理框图

5.3.1.1　QPSK 调制格式

若某个复数信号执行 M 次方运算后其相位保持不变,则可以通过 M 次方来消除该复数信号的相位调制信息,从而获得相位偏移量。这一方法称为 M 次方算法,四次方算法是 $M=4$ 的特殊情况。不难看出,若对 QPSK 调制信号进行四次方运算,其相位调制信息将被消除。基于上述分析,M 次方同样可用于采样频率偏移引起的相位偏移量估计。假设所有子载波调制都采用 QPSK 调制,$S_{i,m,k}$ 的调制相位为 $\theta_s \in \{\pm\pi/4, \pm 3\pi/4\}$。均衡后对数据符号 $\hat{R}_{i,m,k}$ 进行四次方和取反运算,并求出相位角再除以 4,又 $S_{i,m,k}^4 = e^{j4\theta_s} = -1$,因此可以估计出第 i 个 OFDM 帧中第 m 个 OFDM 符号上第 k 个子载波由 SFO 引起的残留相位:

$$\hat{\varphi}_{i,m,k} = \arg\{(\hat{R}_{i,m,k}/S_{i,m,k})^4\}/4 = \arg\{-\hat{R}_{i,m,k}^4\}/4 = \vartheta_k + \varphi_{i,m,k} + w_{i,m,k}$$

$$(5-12)$$

式中:$\arg\{\cdot\}$ 表示相位操作,ϑ_k 表示由信道估计造成的相位偏差,$\varphi_{i,m,k}$ 为 SFO 引入的相位偏移,$w_{i,m,k}$ 为相位噪声。

5.3.1.2　16QAM 调制格式

如果使用 16QAM 进行调制,16QAM 调制的星座图如图 5-5 所示,其调制相位为 $\arg\{S_{i,m,k}\} \in \{\pm\pi/4, \pm 2\pi/5, \cdots, \pm 3\pi/4\}$,有些相位跟 QPSK 的相位不相同,所以不能像 QPSK 调制格式那样直接使用四次方算法来提取相位。但是可以将 16QAM 的星座点划分为两类,分别为 S_1 和 S_2。由图 5-5 可知 S_1 类点的相位跟 QPSK 调制信号的相位是一样的,通过计算每个星座点到原点的距离 r,可将落在 Th_1 内或者 Th_2 外的数据提取出来,因此依然可以采用四次方算法对 S_1 和

S_2 进行相位估计和补偿。

$$|r| < Th_1, \text{ 或 } |r| > Th_2 \tag{5-13}$$

$$Th_1 = \frac{R_1 + R_2}{2}, \ Th_2 = \frac{R_2 + R_3}{2} \tag{5-14}$$

式中：Th_1 和 Th_2 是为了提取 S_1 类数据而设置的门限值，通过计算 R_1、R_2 和 R_3 的半径，可以算出门限值，例如 $R_2 = \sqrt{(3A)^2 + (A)^2}$，其中 A 为 16QAM 的归一化因子，$A = 1/\sqrt{10}$。

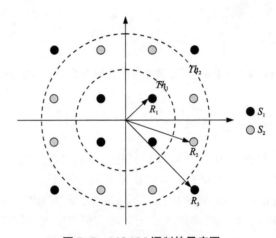

图 5-5　16QAM 调制的星座图

为了减少相位噪声的影响和提高估计精确度，对 N_{fr} 个 OFDM 帧所估算得到的相位旋转量求平均：

$$\hat{\varphi}_k = \frac{1}{N_{fr}} \sum_{i=1}^{N_{fr}} \hat{\varphi}_{i, m, k} \tag{5-15}$$

根据式(5-11)，参数 $\hat{\Delta}$ 可以由下式给出：

$$\hat{\Delta} = \hat{\varphi}_k / (2\pi k \alpha m) \tag{5-16}$$

进一步来讲，通过提取第 m 个符号由 SFO 引起的相位偏移并将其限制在 $\pm\pi/4$ 之间，才能避免由四次方算法引起的相位模糊：

$$2\pi k \alpha m \Delta \in \left[-\frac{\pi}{4}, \frac{\pi}{4} \right] \tag{5-17}$$

5.3.2　残留相位消除

使用单个子载波进行估计时，精度还存在偏差，同样从式(5-12)中不难发现 SFO 估计不准确的原因主要是存在部分残留相位 ϑ_k，若直接利用估计的相位偏移去估计 SFO 的值，将导致估计偏差。为了解决这一问题，可以提取两个不同 OFDM 符号上相同子载波位置的数据符号进行 SFO 估计，即第 i 个 OFDM 帧上的第 m 和第 n 个 OFDM 符号上第 k 个子载波数据，因为相同子载波上有相同的残留相位 ϑ_k，通过两者相减可抵消残留的相位，如图 5-6 所示基于采样频偏盲估计改进方法框架。两个 OFDM 符号之间的第 k 个子载波由 SFO 引起的相位旋转的角度差可以表示为：

$$\hat{\varphi}_{i,k} = \hat{\varphi}_{i,m,k} - \hat{\varphi}_{i,n,k} = (\vartheta_k + \varphi_{i,m,k} + w_{i,m,k}) - (\vartheta_k + \varphi_{i,m,k} + w_{i,n,k})$$
$$= (\varphi_{i,m,k} - \varphi_{i,m,k}) + (w_{i,m,k} - w_{i,n,k}) = \varphi_{i,k} + w'_{i,k} \tag{5-18}$$

同样，为了减少相位噪声的影响并提高精度，可以对 N_{fr} 个 OFDM 帧 SFO 引入的相位旋转求平均，即

$$\hat{\varphi}_k = \frac{1}{N_{fr}} \sum_{i=1}^{N_{fr}} \hat{\varphi}_{i,k} \tag{5-19}$$

这样，SFO 才可以被准确估计，这时式（5-16）被改写为：

$$\hat{\Delta} = \frac{\hat{\varphi}_k}{2\pi k\alpha(m-n)} \tag{5-20}$$

另外，提取的第 n 个符号由 SFO 引起相位偏移也必须满足以下公式：

$$2\pi k\alpha n\Delta \in \left[-\frac{\pi}{4}, \frac{\pi}{4} \right] \tag{5-21}$$

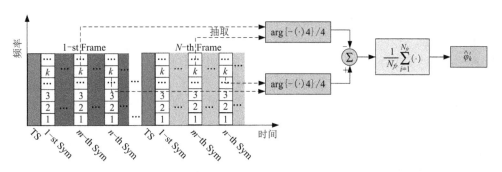

图 5-6　采样频偏盲估计改进方法框架图

5.3.3　光纤 OFDM 系统的采样频偏盲估计补偿

5.3.3.1　收发机的 DSP 流程

如图 5-7 所示是基于盲 SFO 估计与补偿方案的 DDO-OFDM 系统的实验装置，在 MATLAB 中编写的 OFDM 发射程序中详细的 DSP 步骤为：伪随机二进制

序列(pseudo-random binary sequence, PRBS)首先经过串并变换映射成 QPSK 或 16QAM 符号,为了获得实数时域 OFDM 信号,256-IFFT 输入需要满足 Hermitian 对称。在实验中,通过连续发送 1000 帧 OFDM 符号用于 SFO 估计,每一个 OFDM 帧包含 25 个 OFDM 符号,IFFT 的大小为 256。如果在一帧中传输的符号过多,则需要注意 SFO 引入的 ISI。单个训练序列添加在每个 OFDM 帧的前面,用于时序同步和信道估计。在每个 OFDM 符号中数据子载波的个数为 100,其他空子载波置为 0,其中 CP 和 CS 的长度只有 IFFT 长度的 1/32,为了降低 OFDM 信号的 PAPR,将数字限幅率设为 12 dB 以避免实验中出现非线性失真,随后,由 MATLAB 生成的 OFDM 数字信号被加载到商用任意波形发生器(Tektronix AWG 7122C, AWG)中,该 AWG 具有 10bit 分辨率和 10GSa/s 采样率来生成模拟信号,产生峰峰值电压为 0.5 V 的基带模拟 OFDM 信号,通过 5 GHz 带宽低通滤波器(LPF)以消除 DAC 引入的高频镜像分量。基带模拟 OFDM 信号由 14 GHz 电放大器(Mini-Circuit ZX60-14012L-S+, EA1)放大以确保合适的输入功率,然后用于驱动 DML。将 OFDM 电信号变为光信号进行电光转换,其中光输出功率约为 2.3 dBm。最后将 OFDM 光信号加载到 20 km-SSMF 中进行数据传输。

在接收端,利用 VOA 调整接收光功率(received optical power, ROP),随后,将功率分配比为 9∶1 的光耦合器(optical coupler, OC)放在光电二极管的前面,其中 10%的接收信号用于功率测量,剩下 90%的接收信号直接进入 10 GHz 交流耦合 PD 进行光电转换,将获得的电信号通过 14 GHz 电放大器(EA2)再次进行放大,随后将放大后的信号通过示波器(Teledyne Lecroy Wavemaster 820Zi-A, DSO)以 8bit 分辨率和 20 GSa/s 采样率进行采样。然后,对 DSO 捕获的所有数据进行离线处理,由 MATLAB 编写的 OFDM 接收机程序分析接收数据的性能。DSP 主要流程依次包括 TS 符号定时同步、去掉 CP 和 CS、256 点 FFT 变换、信道估计与均衡,经过 SFO 估计后,在第 m 个 OFDM 符号上的第 k 个子载波乘以相位旋转因子 $\exp(-j2\pi km\alpha\hat{\Delta})$ 以补偿 SFO,最后进行 QPSK/16QAM 解调和误码率(BER)计算分析。发送端和接收端的电频谱图分别如图 5-7(a)和图 5-7(b)所示,可以看出,在经过 20 km-SSMF 传输之后,受电子放大器和光电设备的影响,接收到的 OFDM 信号遭受严重的功率衰减。另外,OFDM 系统的关键参数设置见表 5-1,其中只给出了 16QAM 的传输速率。值得注意的是,AWG 和 DSO 由相同的参考时钟提供时钟,DSO 内部 ADC 的采样率设置为 10 GSa/s,通过在 AWG 中设置不同的 DAC 采样率获得不同的 SFO。比如,当 AWG 的采样率设置为 10.001 GSa/s 时,采样频偏结果为 $100×10^{-6}$。

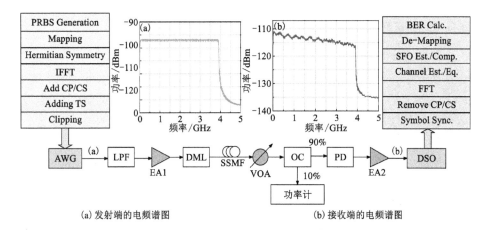

(a) 发射端的电频谱图　　　　　　　　　(b) 接收端的电频谱图

图 5-7　基于盲 SFO 估计与补偿方案的 DDO-OFDM 系统的实验装置

表 5-1　实验中关键参数的设置

实验参数	参数取值
DAC/ADC 采样率	10/20 GSa/s
DAC/ADC 分辨率	10/8 bits
调制格式	QPSK/16QAM
IFFT/FFT 点数	256
CP/CS 长度	8
数据子载波	100
每 OFDM 帧中 TS 数	1
每帧 OFDM 符号数	25
DML 波长	1557.97 nm
光纤衰减系数	0.18 dB/km
光纤色散系数	17 ps/(nm·km)
光纤微分群延迟	0.2 ps/km
光电检测器灵敏度	1A/W
光电检测器暗电流	10 nA
OFDM 信号的原始信号比特率	$100 \times 4/(256 \times 0.1) = 15.625$ Gbps
OFDM 信号的净信号比特率	$100 \times 4 \times 25/(272 \times 26 \times 0.1) = 14.14$ Gbps
OFDM 总的带宽	$100/256 \times 10 = 3.91$ GHz
频谱效率	$14.14/3.91 = 3.62$ bit/s/Hz

5.3.3.2 补偿性能分析

1. 单子载波符号提取

在实验中，本书分别使用 QPSK 和 16QAM 调制得到 OFDM 信号，经过 20 km-SSMF 传输之后，在接收端提取每一帧中第 10 个 OFDM 符号上第 20 个子载波上的数据测量其性能，并使用四次方算法去掉调制相位来保留其相位偏移量。如图 5-8 所示为使用单个子载波估计得到的 SFO 值和估计偏差曲线图，通过估计 SFO 的值减去理想 SFO 的值来定义估计偏差，可以看到 SFO 的值从 -400×10^{-6} 到 400×10^{-6} 变化时，估计 SFO 的值非常接近理想 SFO 的值，虽然 QPSK 和 16QAM 的最大估计范围为 $\pm 400 \times 10^{-6}$，但是两者的估计偏差却不相同，使用 QPSK 调制时估计偏差在 $\pm 2 \times 10^{-6}$ 之内，而使用 16QAM 调制时估计误差精度在 $\pm 4 \times 10^{-6}$ 之内，同时可以发现使用 16QAM 时在 200×10^{-6} 之内估计得到的偏差比较大，主要原因是残留相位造成的干扰。

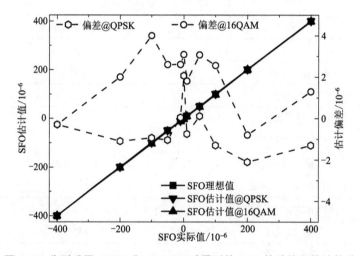

图 5-8 分别采用 QPSK 和 16QAM 时得到的 SFO 估计值和估计偏差

另外，在实验中采用误差矢量幅度（error vector magnitude，EVM）来衡量经过信道传输后信号的质量。当接收光功率设置为 -4 dB 时，经过 20 km-SSMF 传输后，得到分别使用 QPSK 和 16QAM 调制时不同采样频偏下 EVM 性能曲线，如图 5-9 和图 5-10 所示。可以看到在不同的调制方式下，使用本书所提出的方案，可以补偿高达 400×10^{-6} 的 SFO，并且 EVM 损失小于 2 dB，而在没有进行 SFO 补偿的情况下，系统性能急剧下降，另外随着 SFO 的增加，会形成严重的 ICI，以致 EVM 性能也逐渐下降。因此从单个符号上提取子载波数据进行估计补偿的方法可用于消除这些干扰并进一步提高 EVM 性能。从而可以证明本书所提出的方案可以有效补偿相位旋转和提高系统的性能。

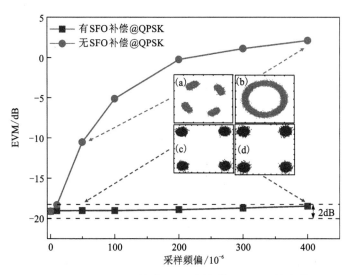

图 5-9 采用 QPSK 调制时不同采样频偏下 EVM 性能曲线图
(扫描目录页二维码查看彩图)

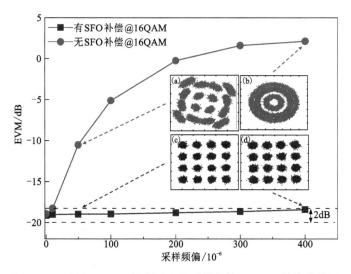

图 5-10 采用 16QAM 调制时不同采样频偏下 EVM 性能曲线图
(扫描目录页二维码查看彩图)

图 5-9 和图 5-10 分别插入了使用两种调制方式得到的 50×10^{-6}、400×10^{-6} 时有无补偿的星座图,其中图(a)和图(b)是没有经过 SFO 补偿得到的星座

图，图(c)和图(d)是经过 SFO 补偿后得到的星座图，从图中可以看出，在没有补偿的情况下，星座图发生了旋转，通过使用提出的方法可以有效地纠正相位旋转，星座图变得更加清晰，另外可以发现，SFO 的值越大，造成星座符号旋转越厉害，这主要是由于时间的积累效应，不仅会造成 OFDM 符号间干扰，而且会破坏子载波间的正交性而引入 ICI，导致符号偏离其正常位置。

采用 QPSK 调制时得到不同子载波上的信噪比(SNR)曲线如图 5-11 所示，从图中可以看出，没有进行相位补偿前，各路子载波上的 SNR 随着子载波索引数的增加而降低，尤其是高频子载波的性能急剧下降，这是由于 SFO 引入的 ICI 随着子载波的增大而增加。而经过补偿后，子载波的性能得到明显改善，即使是高频子载波部分，几乎都在 15 dB 以上，因此在提取子载波时，尽量选择低频子载波上的数据进行提取，以避免相位噪声的干扰。

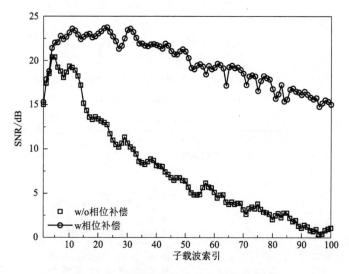

图 5-11　不同子载波上的信噪比曲线图

通过调整接收光功率的值，使用 QPSK 和 16QAM 进行调制，得到经过补偿后 DDO-OFDM 系统不同光功率下 EVM 曲线，如图 5-12 所示，分别考虑 SFO 为 0、100×10^{-6} 和 200×10^{-6} 时光背靠背(OBTB)与 20 km-SSMF 传输后系统的 EVM 性能。从图 5-12 可以发现，无论是经过 OBTB 还是 20 km-SSMF 传输后，有 SFO 经过补偿后的性能与没有频偏的性能很相近，功率损失可以忽略不计。当 SFO 为 200×10^{-6} 时，经过信道均衡后的数据不进行 SFO 补偿时，使用两种方式进行调制后的系统的 EVM 性能都很差，EVM 在 0.1 左右，而采用 SFO 补偿后的系统 EVM 性能得到了大幅度提高。

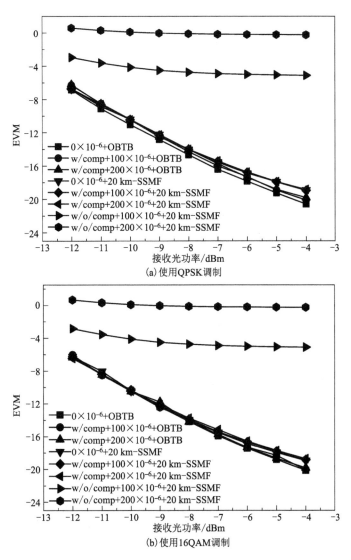

(a) 使用QPSK调制

(b) 使用16QAM调制

图 5-12　在 OBTB 和 20 km-SSMF 传输后不同接收光功率与 EVM 的情况

2. 两个子载波符号提取

图 5-13 显示了采用 16QAM 调制 DDO-OFDM 信号经过 20 km-SSMF 传输之后,在接收光功率为-4 dB 时,基于改进方法后得到的估计 SFO 值及其估计偏差。可以看出,SFO 最大估计范围为±1000×10⁻⁶,估计偏差在±3×10⁻⁶ 之内。当 SFO 从-1000×10⁻⁶ 到 1000×10⁻⁶ 变化时,估计的 SFO 非常接近真实的 SFO,具体来说,当 SFO 为±200×10⁻⁶ 时,可以实现小于±1.5×10⁻⁶ 的估计偏差,另外与单个子

载波符号提取相比,可以进一步提高估计范围和精确度。

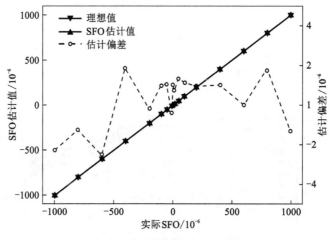

图 5-13　SFO 估计偏差曲线图

　　图 5-14 所示为存在 SFO 的情况下,接收功率为-4 dB 时,采用 16QAM 调制 DDO-OFDM 信号经过 20 km-SSMF 传输后,SFO 补偿前、后的 EVM 性能以及星座图。可以发现,经过 SFO 相位补偿后,信号的 EVM 性能得到显著提高。即使 SFO 值增加到 $\pm1000\times10^{-6}$,其 EVM 值仍小于-15 dB。与此同时一并给出了 SFO 分别为 $\pm600\times10^{-6}$、$\pm100\times10^{-6}$ 时有无 SFO 补偿的 16QAM 星座图,其中图 5-14(a)~图 5-14(d)是 SFO 补偿前得到的星座图,图 5-14(e)~图 5-14(f)是经过 SFO 补偿后得到的星座图,可以看出,在补偿前,星座点发生了旋转,通过使用本书提出的改进方法也可以有效地纠正相位旋转,星座图依然清晰可见,另外星座图旋转方向不同,这是由于定时偏差极性不同。

　　如图 5-15 所示为两种调制方式基于改进方法的 SFO 估计与补偿的 DDO-OFDM 系统在不同接收光功率下的误码曲线,显示 SFO 为 0、100×10^{-6} 和 200×10^{-6} 三种情况下 OBTB 与 20 km-SSMF 传输后的误码性能。从图中可以发现,无论是 OBTB 还是经过 20 km 光纤传输后,SFO 补偿后的性能与没有频偏的性能很相近。当 SFO = 200×10^{-6},且经过信道均衡后的星座符号不进行 SFO 补偿时,使用两种方式进行调制的系统误码性都很差,BER 约为 0.3,而采用 SFO 补偿后的系统误码率得到了显著改善。此外,在 BER 为 1×10^{-4} 和没有 SFO 的情况下,与 OBTB 情况相比,经过 20 km-SSMF 传输后 QPSK 编码系统的功率损失仅约为 0.8 dB;同样在 BER 为 1×10^{-3} 和没有 SFO 的情况下,与 OBTB 情况相比,经过 20 km-SSMF 传输后的 16QAM 编码系统功率损耗更高,接近 1.6 dB,这主要是光纤色散引起的功率衰减导致的,另外就是高阶调制格式对相位噪声比较敏感。

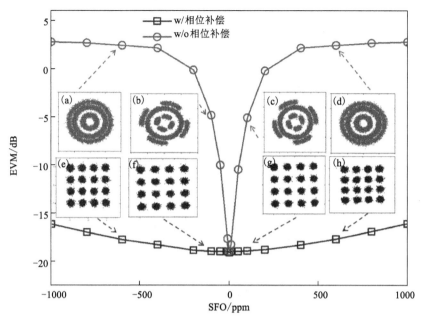

图 5-14　SFO 补偿前后的 EVM 性能以及星座图

(扫描目录页二维码查看彩图)

5.3.3.3　盲估计精确度

为了进一步验证改进的方法，依然使用 QPSK 和 16QAM 调制 OFDM 信号进行精确度比较。当接收光功率固定为-4 dBm，经过 20 km-SSMF 传输后，从每一帧中第 10 个 OFDM 符号上选择第 20 个子载波的数据来测量系统的性能，对应的 SFO 估计值与帧长度关系如图 5-16 所示。图 5-16（a）和图 5-16（c）都是使用一个 OFDM 符号来测量其精确度，当基于单个信号使用 QPSK 调制时，从图 5-16(a)可以看出，使用一个符号进行估计时得到的估计值很快趋于稳定，并且帧数只需要小于 200 个，当帧的长度大于 200 时，SFO 的估计值相对稳定，然而，即使在第 1000 帧时，估计值的误差依然有 2×10^{-6}。图 5-16（c）所示为基于单个符号使用 16QAM 调制的结果，从图中可以看到在前 200 帧有较大的波动，并且直到帧数接近 400 时才趋于稳定，这是因为高阶 QAM 调制格式本身对相位噪声很敏感，导致有些提取数据不在门限范围内。通常，随着帧的长度越大，SFO 的值越趋于稳定，但即使在最后一帧，使用 16QAM 调制的结果 SFO 的估计值仍然有 3×10^{-6} 的偏差，除了由 SFO 引起的相位旋转外，当前提取子载波上的残留相位对估计值的准确性也有一定影响。

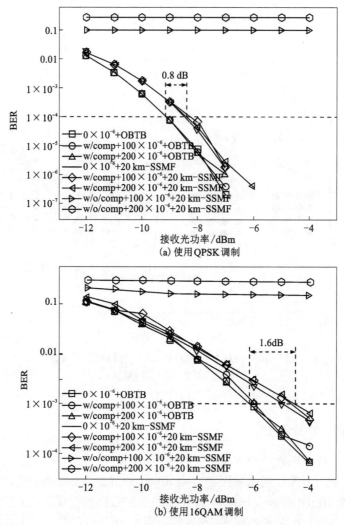

图 5-15 在 OBTB 和 20 km-SSMF 传输情况下不同接收光功率与误码率之间的曲线图

　　如前所述, 在每帧中多提取第 20 个 OFDM 符号上的第 20 个子载波数据, 即使用两个符号上同一子载波上的数据进行估计和补偿, 来消除信道估不准确造成的残留相位, 相关实验结果如图 5-16(b) 和图 5-16(d) 所示。图 5-16(b) 为基于两个符号进行 QPSK 调制, 从图中可以看出估计误差只有 1×10^{-6} 左右, 而图 5-16(d) 为基于两个符号进行 16QAM 调制, 从图中可以看出估计误差大约只有 1×10^{-6}, 与基于一个符号的 SFO 补偿方案相比, 使用两个符号的改进方法分别进行 QPSK 和 16QAM 调制的估计精度分别提高了约 1×10^{-6} 和 2×10^{-6}。另外无论使用基于一个还是基于两个符号的方案, 使用 QPSK 调制的 SFO 估计精度高于使用

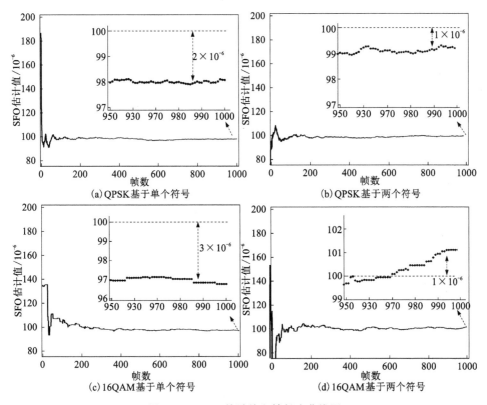

图 5-16　SFO 估计值和帧长度曲线图

16QAM 调制的估计精度，因为 QPSK 仅有 4 个相位信息 $\{\pm\pi/4, \pm3\pi/4\}$，对其进行四次方 SFO 估计后所有的相位调制信息都会被消除；16QAM 有多个相位信息 $\{\pm\pi/4, \pm2\pi/5, \dots, \pm3\pi/4\}$，SFO 四次方估计只能消除其中的 $\{\pm\pi/4, \pm3\pi/4\}$ 相位信息，而 $\pm2\pi/5$ 等相位信息无法被消除。另外，16QAM 高阶调制本身对相位噪声也很敏感。

5.4　基于聚类算法的采样频偏自动补偿

5.4.1　星座旋转

SFO 引入的 SPO 可写为

$$\varphi_{m, k} = \frac{2\pi m k (N_{CP} + N + N_{CS})}{N} \cdot \Delta_f \qquad (5-22)$$

式中：m 和 k 分别为符号和子载波索引。不难看出，SPO 与符号和子载波索引的乘积成正比。也就是说，在子载波数给定的情况下，OFDM 符号数越多，系统对 SFO 越敏感。在同一 OFDM 符号中，高频子载波有着更大的 SPO。此外，随着每帧的 OFDM 或 OFDM-IM 符号数增加，不同 OFDM 或 OFDM-IM 符号数相同子载波上的数据符号 SPO 也会更大。从星座图的角度看，SFO 会导致星座点朝顺时针或逆时针方向旋转，从而偏离标准星座点位置。如果直接对偏移的星座点进行解映射，将会导致 BER 急剧增加。同时值得注意的是，SPO 对每个星座点的影响程度是不一致的。

5.4.2 K 均值聚类算法

目前在机器学习中最常见的是基于聚类算法，其主要用于非线性失真信号的补偿，属于归纳法而非推论法。作为经典的机器学习算法，K-means 聚类算法也适用于可见激光通信（VLLC）系统。

通常有 SFO 存在时，可以直观地看到接收的符号发生旋转，图 5-17(a) 和图 5-17(c) 分别为 SFO 为 80×10^{-6}、110×10^{-6} 时无聚类得到的星座图。如果不进行补偿的话，数据根本无法解调。这时采用传统的 K-means 聚类算法，将含有采样频偏的数据进行分类，若能够正确分类，在接收端就不再进行补偿。图 5-17(b) 和图 5-17(d) 分别为 SFO 为 80×10^{-6}、110×10^{-6} 时经过 K-means 聚类算法得到星座图，采用随机选取的初始质心进行聚类，当 SFO 为 80×10^{-6} 时，可明显地把旋转后的数据可以分为四类，并且得到四个新的质心，其中每一种颜色代表一个聚类的簇。然而，SFO 增加到 110×10^{-6} 时，可以明显地看到其他簇的数据被错误地划分到本簇，出现了误判。这是因为随着 SFO 增加，质心会发生变化，当新的质心不再发生变化时，根据欧氏距离计算每个数据点到质心的距离，并将其划分到最近的簇中，因此出现误判。

传统 K-means 分类仅考虑接收数据本身的统计定律，而与系统的哪一部分会引起非线性影响无关。在数据处理过程中会存在一些问题：

首先，在传统的 K-means 聚类算法中，最后得到的结果对初始质心比较敏感，一般有两种方法来选择初始质心：一种方法是使用标准星座点作为初始质心；另一种方法是从原来的数据中随机选择四个点作为质心。如果质心是随机选择的，可能彼此很近或者很远，质心不同导致结果不同。

其次，对于大型数据集来说找到合适的初始质心的可能性特别低，最终结果都是局部最优解。因此在可见激光通信系统里，快速定位不同类的质心是必不可少的。另外，随着质心数目的增加，所得到簇也越来越多，这样会消耗大量的计算资源和时间，因此，对于大型数据来说，使用传统的 K-means 聚类算法存在一定缺陷。另外有研究者使用两种改进的 K-means 聚类算法用于相干光通信系统中，其中一种是采用有训练序列的 K-means 聚类算法。

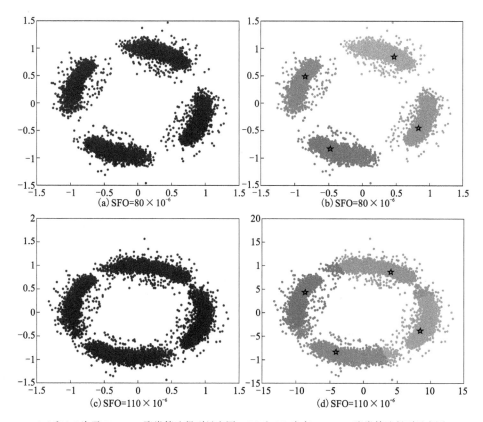

（a）和（c）为无 K-means 聚类算法得到星座图；（b）和（d）为有 K-means 聚类算法得到星座图。

图 5-17 星座图

5.4.3 采样频偏自动补偿

本书中不使用训练序列，而是直接将接收到的数据取一部分作为训练数据，以下详细介绍有训练数据的 K-means 算法步骤和流程，如图 5-18 所示。

（1）在发送端，采用 QPSK 进行符号映射，经过 IFFT 等一系列变化生成多帧数据。在接收端，得到的原始数据如图 5-19（a）所示，从原始数据中取 10% 的数据作为训练数据进行聚类，通过随机选取初始质心，计算每个符号数据到初始质心的最短距离，距离公式 $\text{dis}(i, m)$ 为：

$$\text{dis}(i, m) = \arg \min d(X_i, P_m) \tag{5-23}$$

式中，将接收到的符号数据 X_i 记为 $X_i = \{X_1, X_2\}$，$i \in \{1, 2, \cdots, N\}$，若要使用 K-means 聚类算法，需要将符号数据分成实部 X_1 和虚部 X_2，$P_m = \{P_1^{(m)}, P$

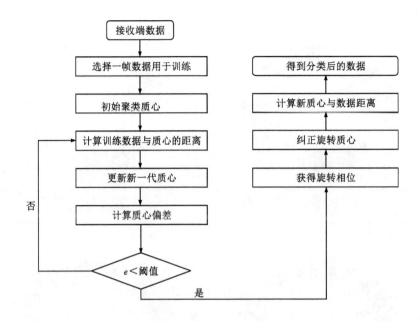

图 5-18 采用训练数据的 *K*-means 算法修正质心流程图

$_2^{(m)}\}$，$m \in \{1, 2, \cdots, k\}$ 为随机从 10% 的数据中选取的初始质心，其中 $P_1^{(m)}$ 为初始质心的实部，$P_2^{(m)}$ 为初始质心的虚部，$d(X_i, P_m)$ 是距离函数，在这里选择欧氏距离公式，其表达式为：

$$d(X_i, P_m) = \sqrt{[X_1 - P_1^{(m)}]^2 + [X_2 - P_2^{(m)}]^2} \tag{5-24}$$

（2）通过判断每个数据符号到每个质心的距离，将 N 个数据符号逐个分配到 k 个簇 $S = \{S_1, S_2, \cdots, S_k\}$ 中，然后计算每个聚类所有数据之和再求平均来更新质心，反复迭代上述过程，直到中心偏差 e 小于阈值 E 为止，否则返回计算训练与质心的距离，新的质心可以表示为：

$$C_m = \frac{1}{N_m} \sum_{i=1}^{N_m} X_i^{(m)}, \ m = 1, 2, 3, \cdots, k \tag{5-25}$$

$$E = \sum_{m=1}^{K} \sum_{i=1}^{N_m} \| X_i^m - C_m \|^2 \tag{5-26}$$

式中：C_m 表示为初代质心点，X_i^m 表示第 m 个簇中第 i 个符号数据，如图 5-19（b）所示，用黑色圆圈表示初代质心，然后计算符号数据和每个新一代质心之间的距离并将其归类。

（3）如图 5-19（c）中的黑色菱形为 QPSK 的标准星座点 $\{\pm 1 \pm j\} \in V_m$，（$m = 1$，

2，3，4），取初代质心 C_m 的向量为 $\boldsymbol{C}_m$。根据式（5-28）可以计算出两个向量之间的夹角 θ，结合旋转因子 r 和根据公式（5-27）来修正质心，并且得到最优质心。图 5-19（d）显示了旧的质心 C_m 和新的质心 O_m，将得到的最终质心用黑色五角星标记，接着对剩下的数据根据就近原则进行分类，如图 5-19（e）所示为最后的分类结果，其与图 5-19（d）相比不存在误判的数据，可以正确地分类数据。

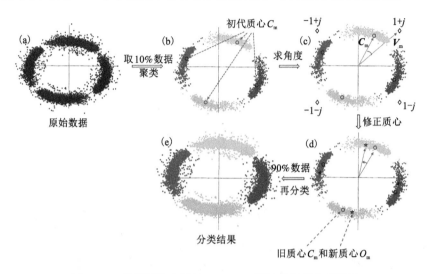

图 5-19　采用训练序列的 K-means 算法修正质心示意图

（4）使用以下公式来获得旋转角度和修正后的质心

$$O_m = C_m \cdot \exp(\pm \mathrm{j}\pi r\theta_m)，m = 1，2，3，4 \tag{5-27}$$

其中 θ_m 满足以下关系：

$$\cos\theta_m = \frac{\boldsymbol{C}_m \cdot \boldsymbol{V}_m}{|\boldsymbol{C}_m||\boldsymbol{V}_m|} \tag{5-28}$$

$$\boldsymbol{V}_m = \mathrm{sign}[\mathrm{real}(\boldsymbol{C}_m)] + \mathrm{j} \cdot \mathrm{sign}[\mathrm{imag}(\boldsymbol{C}_m)]$$

5.4.4　可见光 OFDM 系统的采样频偏自动补偿

图 5-20 所示为 DDO-OFDM-VLLC 系统采用 K-means 聚类算法的实验装置及相应的数字信号处理框架。发送端详细的数字信号处理过程如下：首先将随机函数产生的一定长度的 PRBS 比特数据映射为 QPSK 符号。为了实现 256 点 IFFT 实数输出，IFFT 变换必须满足 Hermitian 对称；循环前缀为 IFFT 长度的 1/16，随后连续生成 10 帧数据，每帧数据包含 25 个符号，单个训练序列插入每帧 OFDM 符号的前面以用于符号同步和信道估计，由于蓝色激光二极管的带宽大概是 800 MHz，因此在每个 OFDM 符号里面数据子载波设为 70，映射后的符号被放置

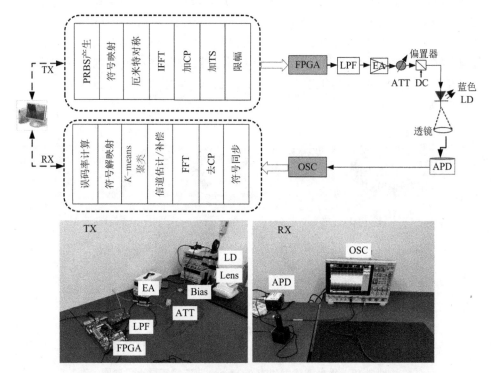

图 5-20　基于 *K*-means 方案的 DDO-OFDM-VLLC 系统框架图

在第 5 到第 74 个子载波上，其他子载波置零，在实验中限幅因子为 12 dB，主要是为了降低信号的 PAPR，减少非线性失真。随后，将由 MATLAB 产生的 OFDM 数字信号加载到 Xilinx FPGA 电路板里面，即配备着 Xilinx Virtex-6 XC6VLX240T 的 ML605，被当作 OFDM 基带发射机，实现数据的发送，接着由 14 bit 的分辨率，2.5 GS/s 采样率的 DAC 所产生的模拟信号进入一个 850 MHz 电低通滤波器（型号为 Mini-Circuit VLP-11+DC）进行滤波。随后经过滤波的电 OFDM 信号经过电放大器（型号为 Mini-circuits ZHL-6A-S+，EA）将电信号放大，放大后的信号通过偏置器（型号为 Mini-Circuit ZFBT-6GW+），用直流信号驱动 450 nm 蓝色 LD，在 LD 和 APD 之间增加个透镜，在光发送端 OFDM 信号的频谱如图 5-21（a）所示。在电放大器之前放置一个可变电衰减器（electric attenuator，ATT）用于改变接收光功率，以便测试和分析不同电衰减值下的 BER 性能。在光接收端信号的频谱如图 5-21（b）所示。与发送端的频谱相比，接收端的信号功率下降，这主要是光色散和调制器等光电子设备的不均匀信道响应引起的。在接收端将 OSC 捕获的数据进行离线处理，其中主要 DSP 步骤包括基于 TS 的符号同步、去除 CP、256 点 FFT 变换、基于 TS 的信道估计与均衡，将 OFDM 复数信号分成实数部分和虚数部分,然后进行 K-means 聚类处理,将重新聚类后的数据再进行 QPSK 解调,最后分析误码性能,实验中的关键参数如表 5-2 所示。本书采用数值仿真的方法来模拟 SFO 进行可行性分析。首先在 SFO 仿真前建立数学模型,并使用 MATLAB 编程,在 SFO 模型中通过线性插值的方法使获得的 OFDM 数据偏离原来位置从而模拟 SFO 现象。

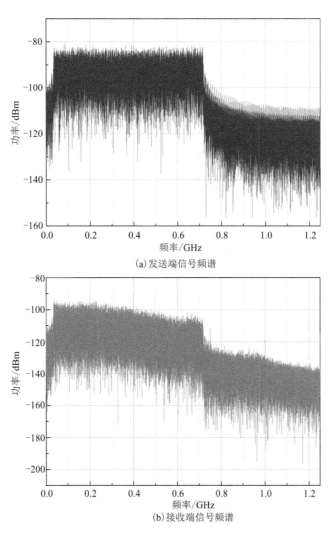

(a) 发送端信号频谱

(b) 接收端信号频谱

图 5-21 信号频谱图

表 5-2　实验中的关键参数

实验参数	参数取值
DAC/ADC 采样率	2.5/10 GS/s
调制格式	QPSK
IFFT/FFT 点数	256
CP 长度	16
数据子载波	70
每 OFDM 帧中 TS 数	1
OFDM 帧的个数	10
每帧中 OFDM 符号数	25
OFDM 信号的原始信号比特率	$70×2×2.5/256=1.367$ Gb/s
OFDM 信号的净信号比特率	$70×2×25×2.5/(272×26)=1.314$ Gb/s

　　在实验中为研究不同的旋转因子 r 对误码率的影响，如图 5-22 所示为不同的旋转因子下误码率变化曲线及星座图。从图中可以看到，当旋转因子 r 从 0.1 增加到 0.7，SFO 分别为 $80×10^{-6}$、$110×10^{-6}$、$120×10^{-6}$、$130×10^{-6}$、$140×10^{-6}$、$160×10^{-6}$ 时，使用有训练数据的 K-means 聚类算法得到的误码率随着 r 增加在不断下降，说明此时修正后的质心向旋转符号正中间移动，当 r 开始大于 0.7 时，说明此时的修正质心并不在符号的正中间，误码率开始升高。另外可以发现，当 SFO 低于 $120×10^{-6}$ 时，旋转因子取 0.7 效果最好，并且有部分误码率低于硬判决门限值 $3.8×10^{-3}$；当 SFO 小于 $160×10^{-6}$ 时，旋转因子取 0.8 效果最好，并且可以使误码率低于软判决门限值 $2.4×10^{-2}$；当 SFO 大于 $160×10^{-6}$ 时，旋转因子不再起作用，此时的误码率高于软判决门限值，这是由于 SFO 的值较大，造成严重的 ISI，使用有训练序列的 K-means 聚类算法也不能完全分开。其中 SFO 为 $110×10^{-6}$，分别插入了 r 为 0、0.3、0.7、0.9 时聚类后的星座图如图 5-22(a)~图 5-22(d)所示，很明显 r 为 0.7 时，质心正处在符号的中间，可以得到较好的误码率，r 为 0.9 时，质心已经过度纠正，导致误码率变差。另外，这里讨论了 SFO 大于 0 的情况，即 DAC 的采样率大于 ADC 的采样率，在 SFO 小于 0 的情况下同样可以采用该 K-means 聚类算法。

　　实验中，通过改变激光二极管的偏置电压，可以获得不同的误码率，当电衰减器控制的衰减值为 12 dB 时，在有无 K-means 聚类算法的情况下，经过 3 m 自由空间传输后，不同偏置电压和误码率之间的曲线如图 5-23 所示。从图中可以

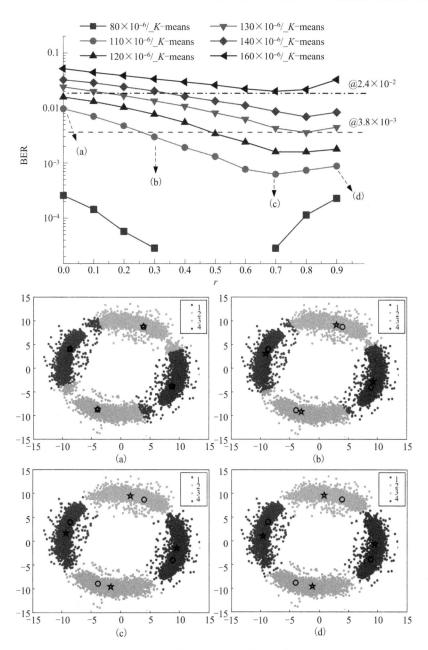

图 5-22 不同的旋转因子下误码率变化曲线及星座图

（扫描目录页二维码查看彩图）

看出，当激光二极管偏置电压为 4.7 V 时，能获得最佳的误码率。当设置的偏置
电压小于 4.7 V 时，误码率会随着偏置电压的增加而降低，这是因为在此过程中

电压的增加会导致 SNR 增大。但是当设置的电压超过 4.7 V 时，会引起 LD 灯的非线性效应，造成误码率的升高。因此在线性范围内通过实验可以获得最佳偏置点。另外在有采样频偏的情况下使用有改进的 K-means 聚类算法明显优于没有使用 K-means 聚类算法的效果，当采样频偏为 110×10^{-6} 时，误码率可以低于硬判决门限值 3.8×10^{-3}；当采样频偏上升到 140×10^{-6} 时，误码率仍然低于软判决门限值 2.4×10^{-2}。

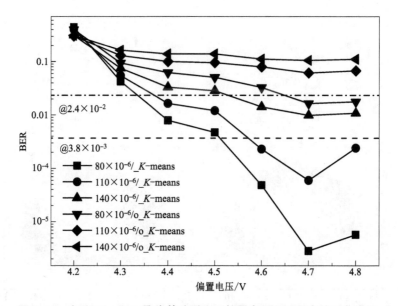

图 5-23　有无 K-means 聚类算法时不同偏置电压和误码率关系曲线图

　　通过衰减器不断改变衰减值，并将偏置电压固定在 4.7 V 时，不同的衰减值与误码率之间的关系曲线如图 5-24 所示，从图中可以看出，当衰减值为 12 dB 时，无论有无聚类算法，都可以获得最佳的误码性能。当衰减值大于最佳值时，对应的电压比较低，输出信号的功率将受到限制，这意味着 SNR 较低，此时噪声占主要因素。另外，当衰减值低于最佳值时，对应的电压值比较高，LD 的非线性效应成为性能下降的主要因素。因此，偏置电压为 4.7 V 和衰减值为 12 dB 可以设为实验的最佳值。

　　在异步传输模式下，对比没有用 K-means 聚类算法、使用传统的 K-means 聚类算法和使用改进的 K-means 聚类算法在不同的采样频偏下的 BER 性能，如图 5-25 所示，从图中可以看到使用改进的聚类算法的方案优于没有使用聚类算法和使用传统的聚类算法的方案。然而，随着采样频偏的增加，无论使用有还是没有 K-means 聚类方案，误码率性能都会急剧下降，这是由于 SFO 增加造成 ISI

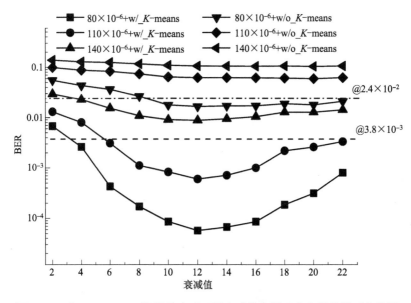

图 5-24　有无 K-means 聚类算法时不同衰减值和误码率之间的关系曲线图

和 ICI，使用聚类算法也难以判决。在 SFO 为 120×10^{-6} 时，分别插入使用三种方法得到的星座图，图 5-25(a)是不使用 K-means 算法得到的星座图，经过自由空间传输后，如果直接使用传统的解调判决方式进行解调，那么对于有采样频偏的数据会出现误判，导致系统的误码率变差。图 5-25(b)是使用传统的聚类算法得到的星座图，很明显存在着分类不准确的问题，图 5-25(c)是使用改进的 K-means 聚类算法后得到的星座图，通过给出阈值和旋转纠正因子，对初代质心进行修正，可以将 QPSK 调制信号正确地分成四个不同的部分，其中四种不同的颜色代表着不同的簇，并且可以得到最优质心，根据最优质心可以更准确地做出判决。即使在采样频偏为 120×10^{-6} 时，使用改进的聚类算法判决得到的误码率依然低于硬判决门限值 3.8×10^{-3}，而传统的 K-means 聚类算法得到误码率在 2.4×10^{-2} 左右，另外没有使用聚类算法得到误码率大约为 0.1，因此在相同的频偏下，使用改进的 K-means 聚类算法比其他两种方法更容易提高系统性能。总而言之在异步传输条件下，用改进的 K-means 聚类算法对 SFO 进行自动补偿，而不需要任何辅助算法来进行估计和补偿，可以缓解信号的损伤。

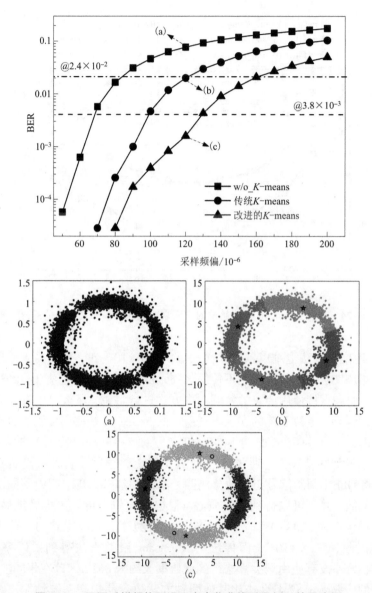

图 5-25   不同采样频偏下误码率变化曲线以及插入的星座图

第 6 章　多载波可见光
通信的峰均功率比抑制

6.1　多载波系统的峰均功率比

多载波可见光通信系统的信号被分成多个正交的子载波进行传输。由于每个子载波的相位和幅度独立调节,当多个子载波的幅度取得最大值时,整个信号的幅度将达到峰值,从而引起峰均功率比过高的问题。高峰均功率比会使信号峰值功率超过系统或设备的动态范围而导致非线性失真,接收端难以将接收信号完全恢复,从而影响整个系统的性能。

6.1.1　峰均功率比定义

根据对峰均功率比(PAPR)形成原因的分析可知,高峰均功率比是因为 OFDM 符号中某一时间点出现大量相位相同或者相近的信号,这些信号的叠加导致大峰值信号出现,使 OFDM 信号的 PAPR 超出系统线性变换范围。峰均功率比的表达式如下:

$$PAPR = 10 \lg \frac{\max\{|x_n|^2\}}{E\{|x_n|^2\}} \tag{6-1}$$

式中:x_n 表示 OFDM 的时域信号,表示为:

$$x_n = \frac{1}{\sqrt{N}} \sum_{k=0}^{N-1} X_k W_N^{nk} \tag{6-2}$$

图 6-1 为 OFDM 信号的时域波形图,可以看出在波形的某些点位上,其峰值远远高于其他部分,当这些高峰值信号进入信号收发端时,会大大降低信号的放大功率。

对于系统的硬件设备,其工作区间存在一定范围。对于通信系统中的功率放大器,当系统的放大需求超过工作区间时,信号就会出现畸变,导致谐波信号产生,放大器的效率降低。以通信系统中 AM/AM 放大器为例,放大模型函数如下:

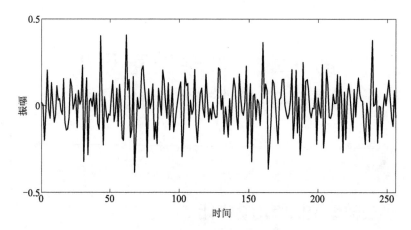

图 6-1　OFDM 信号时域波形图

$$O(x) = \frac{x}{(1+x^{2P})^{1/2P}} \qquad (6-3)$$

式中：P 为光滑因子，根据式（6-3）可以得出，随着光滑因子 P 的增加，放大器的线性工作性能必须不断增强，这对放大器的性能提出很大挑战。在实际应用中 P 值通常为 2~3，以限幅的概念来理解，当输出值小于放大器输出的最大值时，该器件就处于线性放大范围内，一旦超过放大器输出的最大值，放大器就会以其放大范围的门限值取代放大信号，可以理解为限幅，使信号出现畸变，如图 6-2 所示。

　　因此为了避免上述信号畸变情况的出现，就必须让信号的峰值功率降低，当然也可以对放大器的工作范围进行增加，这会增加功放的功率，导致能量的浪费，因此，在实际的 OFDM 系统中通常采用一定的算法来降低 PAPR，而非选择提升功放功率。

6.1.2　峰均功率比抑制方法

　　在上述 PAPR 定义中已经指出降峰均功率比技术主要分为三大类：畸变类、编码类、概率类。下面对这三类算法的优劣性进行分析与介绍。

　　（1）畸变类技术

　　畸变类技术是三类降峰均功率比技术中复杂度最低，也最为直接的一种。该方法是在 OFDM 信号进入放大器之前对信号进行处理，设定一个门限值，通常以信号均值作为参考，让 OFDM 信号中的局部大峰值信号发生畸变，使其低于设定门限，以限幅（clipping）算法为例，具体做法是：设定一个参考门限，将信号与该

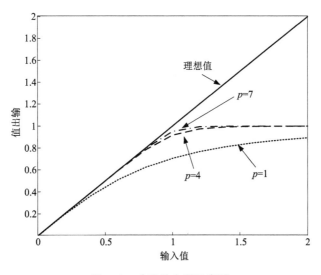

图 6-2　功率放大器示意图

参考门限进行比较, 低于该门限的信号不作处理, 高于该门限的信号直接用该门限取代该点信号, 其原理如下:

$$\bar{x} = \begin{cases} x_n, & x_n \leqslant A \\ Ae^{j\varphi}, & x_n > A \end{cases} \tag{6-4}$$

式中: A 为参考门限; $\bar{x}$ 为限幅处理后的信号。

限幅算法只改变信号的幅值, 让信号的幅值收敛于 A 以内, 信号处理时相位不发生变化。以限幅率(clipping ratio, CR)作为衡量信号限幅的指标, 限幅率的表达式如下:

$$\text{CR} = \frac{A}{\delta} \tag{6-5}$$

式中: δ 为信号均值功率的均方根, 在 OFDM 系统中 δ 与子载波数 N 密切相关, 其值为:

$$\delta = \sqrt{N} \tag{6-6}$$

CR 的取值越大表示限幅的门限越高, 降峰均功率比的性能越差, 反之, 降峰均功率比性能越好, 但是对于整个信号而言, 限幅门限越小, 限幅过程中丢掉的信号越多, 信号畸变就越明显。图 6-3 所示为不同限幅门限下得到的信号, 信号畸变越大, 引入的噪声干扰越大, 所以在实际应用中要对参考门限与降峰均功率比性能进行综合考虑。

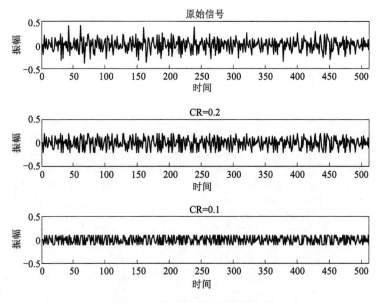

图6-3　不同门限下信号对比

（2）编码类技术

编码类与畸变类的直接或间接限幅不同。在实际的 OFDM 符号中，大峰值信号只占很少一部分，根据 OFDM 信号的这种特性衍生出了编码类技术。该技术的核心思想是通过对发送信号进行不同的编码处理，选取所有编码组合中峰均功率比最小的一组符号进行传输，其他较高的峰均功率比符号被丢弃。目前编码类应用较为广泛的有两种，分别为线性分组码以及互补格雷码。此处以互补格雷码作为分析对象。

假设有两列长度均为 N 的序列 x 与 y，定义自相关函数为：

$$C_x(j) = \sum_{k=0}^{N-1} x_k x_{k+1} \tag{6-7}$$

当满足式（6-8）条件时，两序列便是互补格雷序列。

$$C_x(j) + C_y(j) = \begin{cases} 2P, & j=0 \\ 0, & j \neq 0 \end{cases} \tag{6-8}$$

式中：P 为序列的均值功率，对式（6-8）进行 FFT 变换后得到：

$$|X(f)|^2 + |Y(f)|^2 = 2P \tag{6-9}$$

式中：$|X(f)|$ 与 $|Y(f)|$ 分别表示 x 与 y 序列的功率谱，可表示为：

$$|X(f)|^2 = \sum_{k=0}^{N-1} x_k e^{-j2\pi kfT} \tag{6-10}$$

分析式(6-10)可得：

$$|X(f)|^2 \leqslant 2P \tag{6-11}$$

所以得到 x 序列的功率谱最大值为 $2P$，又因为该序列的均值功率为 P，即可以得到峰均功率比为：

$$\text{PAPR} \leqslant 10 \cdot \lg \frac{2P}{P} \approx 3 \text{ dB} \tag{6-12}$$

根据上述分析可知，使用互补格雷编码算法，可以很大程度地降低信号的峰均功率比，并将其控制在 3 dB 以内，并且该方法不会使信号出现畸变，不会对信号导入额外的边带噪声。但是编码类方法都存在一个相同的问题，即当 OFDM 信号子载波数目偏大时，会使系统对 OFDM 信号进行编码时的复杂度变得特别大，故该类算法在实际应用中存在复杂度限制，只适用于低子载波数的 OFDM 系统。

（3）概率类技术

OFDM 出现大峰值信号的概率是较低的，概率类算法的原理就是减少大峰值信号出现的概率，通过对载波相位进行调整优化，减少同相信号出现的概率，从而达到降低峰均功率比的效果。该类算法对信号的调整也属于线性调整，因此不会增加系统的误码率，但是该类算法在进行相位调整时，都要经过多次 IFFT 运算，这使得系统的计算复杂度大大增加。目前此类方法中以载波预留(tone reservation, TR)、部分传输序列(partial transmit sequence, PTS)，以及选择映射(selected mapping, SLM)的研究最为广泛。

载波预留技术的核心思想是：在 OFDM 系统进行数据分配时，留出某一部分子载波用于抑制信号的峰均功率比。系统在这类预留的子载波上添加上冗余信息，即

$$\tilde{x} = \frac{1}{\sqrt{N}} \sum_{k=0}^{N-1} (X_k + C_k) e^{j2\pi kn/N} \tag{6-13}$$

式中：C_k 为添加的冗余信息；X_k 为 OFDM 频域信号，通过将冗余信息叠加至数据载波上消除高峰值信号。该方法在降峰均功率比方面效果较好，但是由于提取出部分子载波进行冗余信息的传输，因此子载波利用率相对较低。

选择映射的基本思想是：采用随机扰码对传输数据进行加扰处理，信号进行星座映射后，分别与多组扰码信号相乘，之后对加扰的信号进行 IFFT 处理，得到时域 OFDM 信号，再进行峰均功率比的计算，最后选择峰均功率比最小的一组 OFDM 信号进行传输，可以简单用如下式子表示加扰过程。

设频域信号为：

$$\boldsymbol{X} = [X_0, X_1, \cdots, X_{N-1}]^{\mathrm{T}} \tag{6-14}$$

则时域数据为：

$$\boldsymbol{x} = \text{IFFT}(\boldsymbol{X}) \tag{6-15}$$

Y 组长度为 N 的随机相位可以表示为：

$$\boldsymbol{R}^{(\alpha)} = [\, R_0^{(\alpha)},\ R_1^{(\alpha)},\ \cdots,\ R_{N-1}^{(\alpha)} \,]^{\mathrm{T}},\ (\alpha = 0,\ 1,\ 2\cdots,\ Y-1) \qquad (6\text{-}16)$$

式中：$R_i^{(\alpha)} = \exp[\,\mathrm{j}\varphi_i^{(\alpha)}\,]$，$\mathrm{j}\varphi_i^{\alpha}$ 取值范围为 $(0,\ 2\pi)$，且服从均匀分布。将频域数据直接与 Y 组随机相位做乘法运算，得到加扰后的数据矩阵：

$$\boldsymbol{X}^{(\alpha)} = [\, X_0^{(\alpha)},\ X_1^{(\alpha)},\ \cdots,\ X_{N-1}^{(\alpha)} \,]^{\mathrm{T}} = \boldsymbol{R}^{(\alpha)} \cdot \boldsymbol{X} = [\, R_0^{\alpha},\ R_1^{\alpha},\ \cdots,\ R_{N-1}^{\alpha} \,]^{\mathrm{T}} \cdot \boldsymbol{X} \quad (6\text{-}17)$$

Y 组添加随机相位后的数据表示为：

$$\boldsymbol{X}^{(\alpha)} = \begin{bmatrix} X_0^{(0)} & \cdots & X_{N-1}^{(0)} \\ \vdots & & \vdots \\ X_0^{(Y-1)} & \cdots & X_{N-1}^{(Y-1)} \end{bmatrix} \qquad (6\text{-}18)$$

随后对上述 Y 组频域加扰信号进行 IFFT 变换，得到 Y 组时域信号。

$$\boldsymbol{x}^{(\alpha)} = [\, x_0^{(\alpha)},\ x_1^{(\alpha)},\ \cdots,\ x_{N-1}^{(\alpha)} \,],\ \alpha = 0,\ 1,\ 2\cdots,\ Y-1 \qquad (6\text{-}19)$$

将上述时域信号进行峰均功率比的计算，然后比较各组信号峰均功率比的大小，选择最低的一组作为最优信号进行传输。这就是选择映射的基本思想，该方法虽然降峰均功率比效果很好，但是复杂度极高，以上述计算为例，需要进行 Y 次 IFFT 运算，且需要发送扰码信号的边带信息，使整个系统的性能下降。

6.2 部分传输序列技术

6.2.1 基本结构

部分传输序列技术（PTS）基本结构如图 6-4 所示，PTS 算法是将长度为 N 的数据符号 $X = (X_0,\ X_1,\ \cdots,\ X_{N-1})$ 按照一定的分割方式分割成的互不重叠的 V 组子向量，由 X_v 来表示，每组子向量里面的独立子载波均乘以一个相位旋转因子 b_v，之后将这 V 组向量按照公式（6-20）组合起来：

$$X' = \sum_{v=1}^{V} b_v X_v \qquad (6\text{-}20)$$

式中：加相位旋转因子为 b_v，$v = 1,\ 2,\ \cdots,\ V$，并且 b_v 应该满足 $b_v = \exp(\mathrm{j}\varphi_v)$，$\varphi_v \in [\,0,\ 2\pi)$。对式（6-20）再进行傅里叶逆变换（IFFT），得到

$$x' = \mathrm{IFFT}(X') = \sum_{v=1}^{V} b_v \mathrm{IFFT}(X_v) = \sum_{v=1}^{V} b_v x_v \qquad (6\text{-}21)$$

再选择合适的相位旋转因子 b_v，使得式（6-21）所计算的峰值信号最优，则系统中 PAPR 的最优加权系数如式（6-22）所示。

$$(b_1,\ b_2,\ \cdots,\ b_V) = \operatorname*{arg\,min}_{\{b_1,\ b_2,\ \cdots,\ b_V\}} \left(\max_{1 \leqslant n \leqslant N} \left| \sum_{v=1}^{V} b_v x_v \right|^2 \right) \qquad (6\text{-}22)$$

式中：$\arg\min(\cdot)$ 表示满足函数取最小值的判断条件，$x_v = \mathrm{IFFT}(X_v)$。在图 6-4 中

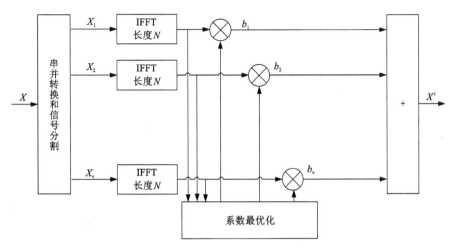

图 6-4　PTS 技术基本结构

系数最优模块中利用式(6-22)将输入到模块中的 x_v 分别乘以相位旋转因子 b_v，便可得到 $\sum_{v=1}^{V} b_v x_v$。由于划分的子向量互相不重叠，所以这里可以得到 N 个 $\sum_{v=1}^{V} b_v x_v$ 样值。再选择适当的 b_v，使得样值中的峰值最小，最后通过系数最优模块输出相应 b_v。

在 PTS 算法中，为求解最优系数，需要进行大量的计算，目前有许多可以减少计算量的方法。例如，可以设一个加权系数为 1，即 $b_1 = 1$；常见的还有让一组子载波或者一个子向量不乘以相位旋转因子，其他子向量从旋转因子的集合中选取，这样也可以减少一定的计算量；为了接近实际系统，本书中设置的旋转因子集合为 $\{\pm 1, \pm j\}$，这样设置可以在计算上减少很多工作量。但是，这种方法或多或少会影响系统的 PAPR 性能。

6.2.2　相位搜索

常见的 PTS 相位因子算法有迭代翻转[47]、双层优化[48]以及全局搜索算法。迭代翻转算法所取的相位因子只有 1 或者 -1，具体操作步骤如下。

步骤一：令 $b_1 = 1$，$(v = 1, 2, \cdots, V)$，计算此时的峰均功率比 $\mathrm{PAPR}_{(+)}$，并将 index 置 1。

步骤二：令 $b_{\mathrm{index}} = -1$，再计算新的 PAPR 为 $\mathrm{PAPR}_{(-)}$，如果 $\mathrm{PAPR}_{(-)} > \mathrm{PAPR}_{(+)}$，则恢复 index = 1，否则保持 $b_{\mathrm{index}} = -1$ 且使 $\mathrm{PAPR}_{(+)} = \mathrm{PAPR}_{(-)}$。

步骤三：令 index = index + 1。

步骤四：重复步骤二、步骤三，直到 index>V，完成算法计算。

从以上步骤可以看出迭代翻转算法实现起来相对容易，计算也简单，但是运算量减少的代价是系统 PAPR 性能损失。

双层优化算法又叫树形搜索算法，该算法的基本思想是在传统的 PTS 算法基础上不断细化分组，从顶层到底层不断进行相位因子的优化，这种搜索算法实现起来较为复杂，利用计算机进行仿真也比较麻烦。

全局搜索算法利用式(6-22)中的 arg min(·)作为取得最优 PAPR 的判决条件，虽然全局搜索算法的计算复杂度较高，但是实现起来不会损失 PAPR 的有效性。

6.2.3　子载波分割

在 PTS 抑制 PAPR 时，子载波的分割方式、子载波数以及有效子载波数都会对 PAPR 的抑制性能和计算复杂度有不同程度的影响，下面通过仿真来分析这些影响 PTS 的因素。

1. 子载波分割方式影响

子载波分割方式有三种：随机分割(pseudo-random)、相邻分割(adjacent)、交织分割(interleaved)[49]，如图 6-5 所示。

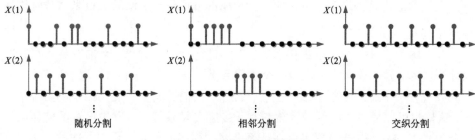

图 6-5　子载波的分割方式

从图 6-5 中可以看出三种分割方式的基本思路是按照不同的分割规律对原始数据信号 X 进行划分。虽然划分思路不同，但三种分割方式都应该满足：每个子载波只能出现在一个 PTS 内，并且 V 个 PTS 中所包含的子载波数目相同[50]。

在子载波数量相同的情况下，采用随机分割方式的 PTS 算法降低系统的PAPR 性能最佳，其次是相邻分割，最后是交织分割。虽然随机分割方式的性能最佳，但是随着子载波数目成指数增长，其计算复杂度也越来越高，PAPR 的性能反而下降。相邻分割方式能有效地降低系统的 PAPR，但是为了保证信息的正确传输，需要对边带信息加以保护来提高编带信息的传送功率，这使得系统的复杂度大大提高, 影响了整个系统的性能。传统的交织分割方式虽然在降低 PAPR 的性能上比前两者差一些, 但是唯有交织分割的计算复杂度不会随着子载波数量的增加而增加, 而且次分割方式不用传送边带信息。这也是本章研究交织分割的一个出发点, 其最大的优势还是计算复杂度较低。如图 6-6 所示为基于三种不同分割方式的 PTS 算法 PAPR 曲线, 其仿真参数设置为: 分组数 $V=4$, 旋转相位因子 $b_v \in \{\pm 1, \pm j\}$, 有效子载波数和总子载波数分别为 128 和 1024, 调制方式采用 QPSK。

从图 6-6 可以看出, 当采用 PTS 算法来降低系统的 PAPR, 在分组数和有效子载波数一致, 且采用相同调制方式时, 基于随机分割方式的 PTS 算法使系统 PAPR 降低得最多, 然后是相邻分割方法, 最后是交织分割方法。例如, 同样在 $P_r = 10^{-3}$ 时, 随机分割算法 PAPR 降低了 2.5 dB, 相邻分割算法 PAPR 降低了 2.3 dB, 而交织分割算法 PAPR 降低了 2 dB, 但是三种分割方式在降低 PAPR 的性能上的差距不是很大。虽然相比随机分割和相邻分割方式, 基于交织分割方式的 PTS 算法抑制系统 PAPR 的性能较弱, 但是交织分割算法的计算复杂度最低。

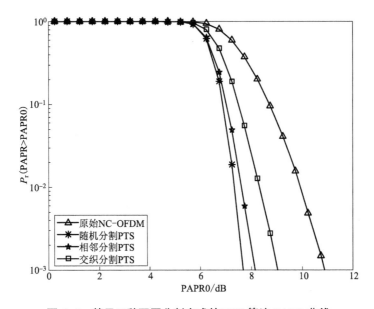

图 6-6　基于三种不同分割方式的 PTS 算法 PAPR 曲线

交织分割具有较低的计算复杂度, 但是在抑制 PAPR 性能上达不到其他两种分割方式的效果。所以在接下来的内容中, 针对交织分割的 PTS 算法的优缺点, 提出一种改进的交织分割 PTS 算法, 并通过仿真验证改进的交织分割算法能够有效地降低系统的 PAPR, 并且, 改进的 PTS 算法的计算复杂度并不会在原有算法的基础上有所增加。

2. 子载波数量影响

从图 6-6 中可以看出，当有效子载波数和总的子载波数的比例固定后，PTS 算法能够有效地降低系统的 PAPR。为了验证有效子载波数对 PTS 算法的影响，在保持总的子载波数不变的情况下，通过改变有效子载波数继续仿真，其结果如图 6-7 所示。

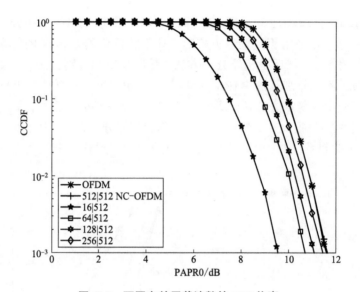

图 6-7 不同有效子载波数的 PTS 仿真

从图 6-7 中可以看出，当总的子载波数固定时，有效子载波数的改变，会引起 PTS 算法抑制 PAPR 的性能，当有子载波数为 64、总的子载波数为 1024 时，PTS 算法降低 PAPR 的效果最佳，但随着子载波数逐渐增加，其抑制效果明显减弱。

6.3 基于随机交织分割的 PTS 算法

6.3.1 算法原理

利用改进的 PTS 抑制 PAPR 时，对有效子载波进行分割，并且在分割完成以后，每一个子块中所包含的有效子载波数是相等的。假设系统总的子载波数为 N，有效子载波数为 N_μ，其基本结构如图 6-8 所示。

其中：

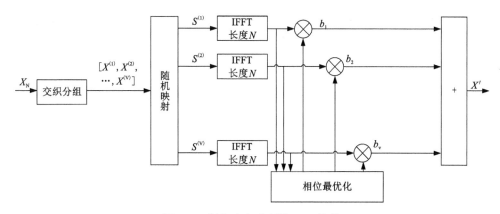

图 6-8　随机交织分割的 PTS 结构

$$X^{(1)} = X_0, \ X_V, \ \cdots, \ X_{NV}$$

$$X^{(2)} = X_1, \ X_{V+1}, \ \cdots, \ X_{NV+1}$$

$$\vdots$$

$$X^{(V)} = X_{N/V-1}, \ X_{N/V+V-1}, \ \cdots, \ X_{(N+1)V}$$

(6-23)

　　首先采用交织分割对子载波进行分组，把子载波分成 V 组，再对子载波进行随机映射和 IFFT 变换，然后乘以相位因子 $b_v \in \{\pm j, \pm 1\}$ $(v=1, 2, \cdots, V-1)$，通过穷尽搜索的办法，可以得到 $M = 4^{V-1}$ 个不同的相位序列，即

$$P_k^{\lambda} = [P_0^1, \ P_1^2, \ \cdots, \ P_{N-1}^M] \quad (k=0, \cdots, N-1, \lambda=1, \cdots, M) \quad (6-24)$$

　　最后，选择具有最小的 PAPR 相位序列发送。由图 6-8 可知，对 $S^{(V)}$ 进行 IFFT 变换以后，同一组子载波乘以相同的相位序列可以生成 NC-OFDM 的部分传输序列：

$$x_n^{\lambda} = \sum_v^V P_k^{\lambda} S^{(V)} \quad (6-25)$$

　　这种改进的 PTS 算法具体步骤如下：

　　步骤一：确定总的分组数和子块数目；

　　步骤二：利用改进的分割方式对有效子载波进行分割；

　　步骤三：构建一个相位序列 P_k^{λ}，然后和通过 IFFT 变换后的 $S^{(V)}$ 相乘得到部分传输序列信号 x_n^{λ}；

　　步骤四：从 M 个 x_n^{λ} 中选择具有最低 PAPR 的实数信号进行传输，并且，将其与满足最小 PAPR 的相位因子 $\{b_1, b_2, \cdots, b_V\}$ 一同发送；

　　步骤五：在接收端，通过相应的辅助信息 $\{b_1, b_2, \cdots, b_V\}$ 可以构造出相应的相位序列，从而恢复原始信号。

对于改进的交织分割算法，其有效子载波分割过程可以描述为：首先把 X_k 分成 V 个子块，然后将有效子载波 N_μ 同样分成 L 组，每组中所包含的有效子载波数相等，把这 L 组有效子载波随机插入任意子块中，有效子载波在子块中的位置可以是随机的，也可以是相邻的，用数据 0 表示被占用的子载波，并将其插入子块中其余的位置。以有效子载波为 12，$V=3$，$L=4$，频域数据列 $X=[1,2,3,4,5,6,7,8,9,10,11,12]$ 为例，其分割后的组合有三种情况，分别如表 6-1、表 6-2、表 6-3 所示。

表 6-1　第一种组合

子块	数据序列											
$S^{(1)}$	1	0	0	4	0	0	7	0	0	10	0	0
$S^{(2)}$	0	2	0	0	5	0	0	8	0	0	11	0
$S^{(3)}$	0	0	3	0	0	6	0	0	9	0	0	12

从表 6-1 可以看出第一种组合情况即为传统的交织分割方式。

表 6-2　第二种组合

子块	数据序列											
$S^{(1)}$	1	0	0	0	0	6	7	0	0	0	0	12
$S^{(2)}$	0	2	0	0	5	0	0	0	9	10	0	0
$S^{(3)}$	0	0	3	4	0	0	0	8	0	0	11	0

从表 6-2 可以看出第二种组合情况中，$S^{(1)}$ 子块的第 6 和第 7 序列、$S^{(2)}$ 子块的第 9 和第 10 序列、$S^{(3)}$ 子块的第 3 和第 4 序列，都为相邻数据数列。

表 6-3　第三种组合

子块	数据序列											
$S^{(1)}$	1	0	0	4	0	0	0	8	0	0	0	12
$S^{(2)}$	0	0	3	0	0	6	0	0	9	0	1	0
$S^{(3)}$	0	2	0	0	5	0	7	0	0	10	0	0

从表 6-3 不难看出，第三种组合情况为完全随机分割方式。

　　这种改进的交织分割 PTS 算法与原始的 PTS 算法最大的区别在于改进的分割方式不仅考虑了相邻分割和交织分割，而且顾及了有效子载波的随机分配，能够保证在发送端进行遍历搜索时，搜索到所有的相位因子组合；并且改进的分割方式并不会增加算法的计算复杂度，这样既保证了不增加计算复杂度又搜索了最小峰均功率比，使系统的性能得到提升。

　　传统采用随机分割方式的 PTS 算法在子载波数一定时，能够有效地降低系统的 PAPR，但是随着子载波快速增长，优化效果提升变慢，而且计算复杂度越来越大，这反而给系统带来了一定的负担。采用相邻分割或交织分割的 PTS 算法计算复杂度相对较低，但是在优化 PAPR 的性能上略低于随机分割方式。改进的交织分割 PTS 算法突出的优点就是在不增加计算复杂度的同时，提升了系统的性能，且降低了其 PAPR。另外，基于改进的交织分割 PTS 算法在进行遍历搜索最优 PAPR 时可以快速地搜索完所有的相位因子，不会因为子载波的不连续而影响 PAPR 的性能。

6.3.2　计算复杂度

　　将每个子序列数据 X_i 排成 V 行 M 列，如表 6-4 所示，

表 6-4　Cookey-Tukey FFT 算法序列

	1	2	$\cdots$	M
1	$X_1^{(1)}$	$X_2^{(1)}$	$\cdots$	$X_M^{(1)}$
v	$X_1^{(v)}$	$X_2^{(v)}$	$\cdots$	$X_M^{(v)}$
$\cdots$	$\cdots$	$\cdots$	$\cdots$	$\cdots$
V	$X_1^{(V)}$	$X_2^{(V)}$	$\cdots$	$X_M^{(V)}$

　　由图 6-8 可知，交织分割把 N 个子载波以间隔为 V 的方式分配在同一个子序列当中。如果 $X^{(v)}$ 表示子序列，那么第 k 个子载波不会同时出现在 $X^{(i)}$（$i=1$，2，$\cdots$，V）和 $X^{(j)}$（$i \neq j$）中。基于交织分割方式的 PTS 算法降低计算复杂度的办法可用 Cookey-Tukey FFT 算法[52]来表示。

　　对表 6-4 中的各行各列进行 Cookey-Tukey FFT 算法调制，得到的时域信号为：

$$x_{p,q} = \frac{1}{2} \sum_{V=0}^{V-1} \left[W_N^{vq} \left(\sum_{m=0}^{M-1} X_m^{(v)} W_M^{mq} \right) \right] W_V^{vp} \qquad (6-26)$$

式中：$x_{p,q}$ 表示第 p 行第 q 列的符号，且 $p=0$，1，$\cdots$，$V-1$，$q=0$，1，$\cdots$，$M-1$，

$W_N = e^{j2\pi/N}$ $W_P = e^{j2\pi/P}$ $W_V = e^{j2\pi/V}$ 为傅里叶变换矩阵。利用交织分割只在第 v 行有非零数据,因此式(6-26)的 IFFT 算法可以化简为:

$$x_{p,q} = \frac{1}{N} W_N^{v(Mp+q)} \sum_{m=0}^{M-1} X_m^{(v)} W_M^{mq} \tag{6-27}$$

因此,每个子序列仅计算 P 个点的 IFFT 算法和 N 次复数乘法,其计算量分别为:

$$\begin{cases} n_{mul} = \dfrac{N}{2V} \log_2 \dfrac{N}{V} + N \\ n_{add} = \dfrac{N}{V} \log_2 \dfrac{N}{V} \end{cases} \tag{6-28}$$

式中: n_{mul} 表示复数乘法计算量, n_{add} 表示加法计算量。由式(6-28)可见,交织分割 PTS 算法能降低计算量。

6.3.3　仿真结果及分析

图 6-9 是改进的交织分割 PTS 算法与原始 PTS 算法抑制 PAPR 的仿真 CCDF 曲线图,仿真采用 QPSK 调制,系统总的子载波数为 1024,分组数 $V=4$,旋转相位 $\{b_1, b_2, \cdots, b_v\} = \{1, -1, j, -j\}$,有效子载波数分别选取 64、256、512。图 6-9(a)是有效子载波数为 512 的 PAPR 仿真曲线,从图中可知,改进的交织分割 PTS 能有效地降低系统的 PAPR,并且对比传统 PTS,其抑制 PAPR 的效果更佳。图 6-9(b)是有效子载波数从 64 变化到 512 时,改进的交织分割 PTS 算法降低 PAPR 的效果图,从图中可以看出,在总的子载波数不变的情况下,系统中有效子载波的数量越少,其降低 PAPR 的效果越好。例如在 $P_r = 10^{-2}$ 时,有效子载波数为 64、256、512 的改进算法,降低的 PAPR 值分别为 3.6 dB、2.8 dB、2.3 dB。因此,相比较未使用 PTS,使用了改进的交织分割 PTS 算法能更好地降低系统的 PAPR,并且子载波数越少,降低 PAPR 的效果更好,同时,其计算复杂度并没有增加。

图 6-10 是改进的交织分割 PTS 算法和原始 PTS 算法的误码曲线。

从图 6-10 中可以看出,当信噪比相同时,使用改进后的交织分割 PTS 算法的误码性能优于无 PTS 及传统 PTS 算法。由此也可以看出使用改进的 PTS 算法在提高系统的性能同时不会增加误码率。在子载波数相同的情况下,传统 PTS 算法的仿真时间为 15 min,改进的交织分割算法的仿真时间为 15 min 21 s,仿真时间差距不大。但是改进的交织分割 PTS 算法不仅在仿真时间上未出现损失,而且还能有效降低系统的 PAPR。

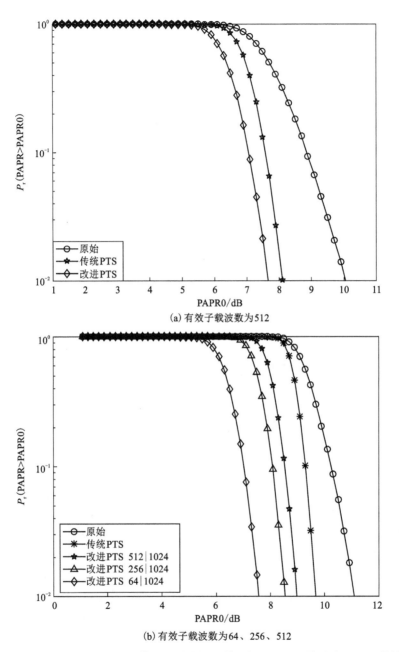

(a) 有效子载波数为512

(b) 有效子载波数为64、256、512

图 6-9　改进的交织分割 PTS 算法与原始 PTS 算法抑制 PAPR 的仿真 CCDF 曲线图

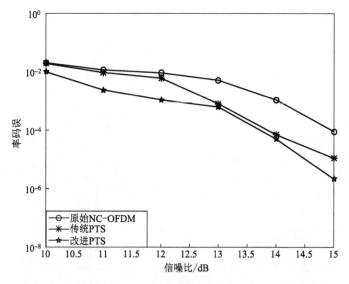

图 6-10　改进的交织分割 PTS 算法与原始 PTS 算法的误码曲线

6.4　基于次优相位搜索与限幅的 PTS 算法

6.4.1　次优相位搜索

　　传统 PTS 算法降低峰均功率比的性能与相位因子个数的选取有直接关系，可选相位因子个数越多，PTS 算法性能越优，同时算法复杂度也越高。当可选相位因子个数为 b、子块数目为 V 时，会出现 b^V 种相位组合，即随着可选相位因子个数 b 的增加，相位组合的数目会呈指数形式增长，这是制约 PTS 实用性的最大障碍[42-43]。

　　针对上述问题，提出了一种次优 PTS-Clipping 联合算法，图 6-11 为次优 PTS-Clipping 联合算法抑制 PAPR 的流程图，其中次优 PTS 部分的基本流程与传统 PTS 算法类似，但是在相位因子组合的选取上进行了优化，使选取的相位因子组合数减少，舍弃了部分相位组合，从而降低了 PTS 算法在遍历过程中的计算量，也使得算法复杂度降低。

　　基于门限的次优 PTS 算法基本步骤如下：

　　步骤一：设置次优 PTS 的 PAPR 初始门限值为 A，可选相位因子个数为 b，子块数目大小为 V，可得 b^V 组总相位组合，相位组合表示为 n_i，$i \in [1, 2, \cdots, b^V]$。

　　步骤二：定义整数常量 $S(S>2)$，将 n_i 个相位组随机分为 S 块，每一块中含

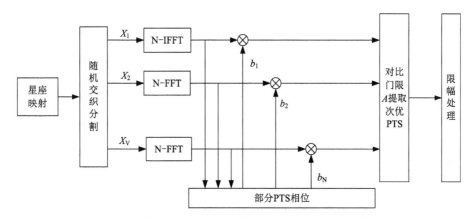

图 6-11　次优 PTS-Clipping 联合算法抑制 PAPR 流程图

有 b^V/S 组相位,用 β_j 表示每一个相位组块,即

$$\beta_j = \left[n_{(j-1)\frac{\delta V}{S}},\ n_{(j-1)\frac{\delta V}{S}+1},\ \cdots,\ n_{j\frac{\delta V}{S}} \right],\ j \in \left[1,\ 2,\ \cdots,\ S \right] \tag{6-29}$$

步骤三:将随机交织后的 OFDM 信号与 β_1 块中的第一组相位相乘,即与 $\left[n_1,\ n_2,\ \cdots,\ n_{\frac{\delta V}{S}} \right]$ 中的 n_1 相乘,并计算出 PAPR。将得到的 PAPR 与初始门限值 A 比较,如果 PAPR 大于 A,则舍弃,并将 OFDM 信号与 β_1 中的下一组相位因子 n_2 相乘,并比较 PAPR。依次迭代,直到出现第一个小于门限值 A 的 PAPR,停止迭代,将该 PAPR 值作为次优解。

步骤四:如果 β_1 块中没有小于门限值 A 的 PAPR 出现,则选出 β_1 组中最低的 PAPR,并用该 PAPR 替代 A 作为门限值。然后选取 β_2 块,若迭代计算的块数小于 $S/2$,则重复第 3 步迭代求 PAPR 并比较的过程;若迭代计算的块数大于 $S/2$,则停止迭代并选取更新后的门限值 A 作为次优解。

根据图 6-12 可以明显看出,次优算法降 PAPR 的性能要比传统的 PTS 算法高约 0.3 dB,但是次优算法复杂度明显降低,小于传统 PTS 算法的 1/2,且 S 取值越大,算法复杂度越低,但同时降 PAPR 的性能也越低。为了使降峰均功率比性能得到优化,对经过次优 PTS 算法处理后的信号进行分析研究发现,该信号均值得到较大提升,且信号峰值得到收敛,所以将限幅算法与次优 PTS 算法进行结合,既避免了限幅算法门限过低时引入噪声过大的问题,也可以让次优 PTS 算法的降峰均功率比性能得到提升。

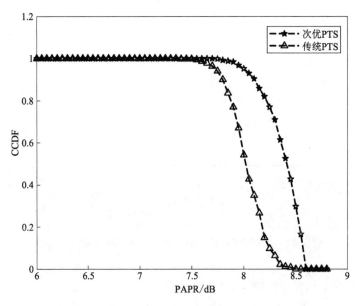

图 6-12　次优 PTS 的算法 CCDF

6.4.2　限幅处理

限幅处理的核心思想是通过设定限幅值对信号进行处理。当信号某处峰值大于该限幅值时，则用该限幅值替代该处的峰值，小于该限幅值的信号不作处理，且信号处理过程中信号相位保持不变[44]。限幅信号可以表示为

$$U_i(n) = \begin{cases} U_i(n), & |U_i(n)| \leqslant \gamma \\ \gamma e^{j\theta}, & |U_i(n)| > \gamma \end{cases} \qquad (6-30)$$

式中：γ 为限幅算法的门限；$U_i(n)$ 为数据信号；$e^{j\theta}$ 为信号的相位。

根据限幅处理特性可知，该算法在降低 OFDM 信号 PAPR 上，其复杂度远优于其他传统算法，且限幅算法复杂度不受子载波数目的影响[45]，即不会随着子载波数目的增多而出现算法复杂度暴增的现象，且限幅算法对信号的 PAPR 控制效果极好。

但是限幅处理是非线性畸变过程，会使信号在限幅过程中出现非线性失真，从而引入带内失真及带外扩展，导致通信系统的误码率恶化，进而降低整个系统性能。且该领域的研究人员发现，限幅中削掉的信号功率大小与引入的噪声功率有关[46]，即削去的信号功率越大，引入的噪声功率越大。所以在限幅门限值过低时，非线性畸变尤为明显。但若将限幅信号功率控制在一个较小范围之内，则限幅处理的优越性会明显提升。根据限幅算法的这一特性，当信号均值较高时，采

用限幅算法处理信号会使得削掉的信号功率明显降低，从而导致引入的噪声功率大大降低[47-48]。图 6-13 是原始 OFDM 信号与经过次优 PTS 算法处理的 OFDM 信号的波形图。

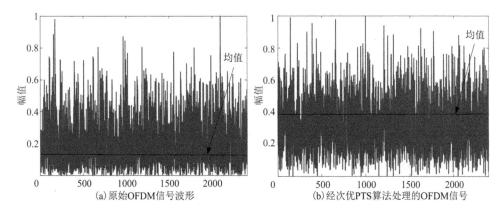

图 6-13　原始 OFDM 信号与经过次优 PTS 算法处理的 OFDM 信号的波形图

由图 6-13 不难看出，原始 OFDM 信号均值为 0.153，而经过次优 PTS 处理的 OFDM 信号均值为 0.375，即采用次优 PTS 算法处理后信号的均值功率得到较大提升。根据峰均功率比的定义可知，在峰均功率比一定时，信号均值功率 $E\{|x_n|^2\}$ 越大，其对应的峰值功率 $\max\{|x_n|^2\}$ 越高。因此，采用限幅方法进行信号二次处理时，仅需削掉少量的大功率信号，即引入较低的边带噪声就可以达到降低 PAPR 的效果。

此外，OFDM 信号经过次优 PTS 算法处理后，信号均值功率提升使得削掉的信号功率降低，从而减少了限幅带来的引入边带噪声过大的问题，使信号限幅后的非线性失真减少，接收端误码率降低。相比传统的 PTS 算法与限幅算法，次优 PTS-Clipping 联合算法不仅复杂度得到降低，其 PAPR 也得到很好的收敛。

6.4.3　仿真结果及分析

对次优 PTS-Clipping 联合算法进行 MATLAB 仿真，仿真参数设置如表 3-2。

表 6-5　次优 PTS-Clipping 联合算法参数设置

仿真参数	设置
OFDM 符号数	2400
调制方式	16QAM

续表6-5

仿真参数	设置
子载波数目	200
IFFT 点数	256
CP	64
可选相位因子	$1, -1, j, -j$
子块大小	4
相位块 S	8
次优 PTS 门限	8 dB

根据子载波数目取次优 PTS 的门限值为 8 dB，限幅的门限值取 $T = 0.065$。图 6-14 所示为限幅处理前、后接收信号的星座图。

由图 6-14 可以得出，限幅处理引入了部分边带噪声，但该边带噪声不影响星座图的完整性，接收端只需进行最大似然判决就可恢复原始信号。

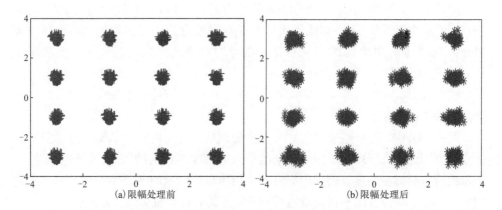

(a) 限幅处理前 　　　　　　　　　(b) 限幅处理后

图 6-14　限幅处理前、后接收信号的星座图

图 6-15 为次优 PTS-Clipping 联合算法与其他算法的 CCDF 分布曲线。相比传统 PTS，基于门限的次优 PTS 算法的 PAPR 仅高 0.3 dB 左右，但其算法复杂度大幅度降低。次优 PTS-Clipping 联合算法的 PAPR 相比传统 PTS 算法降低了1 dB，使 OFDM 系统的 PAPR 得到了较大的优化。由于限幅算法易于实现的特性，联合算法的总体复杂度低于传统 PTS 算法。此外，随着子载波数与可选相位因子数的增加，联合算法的复杂度不会出现传统 PTS 算法的指数性增长问题。

由于传统 PTS 算法在进行相位因子搜索时采用的是最优遍历搜索，算法复杂

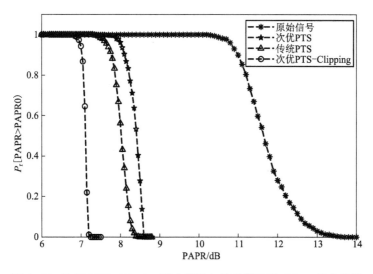

图 6-15 次优 PTS-Clipping 联合算法与其他算法的 CCDF 分布曲线

度与子块大小及可选相位因子的数目成指数关系[49-50]，而次优 PTS-Clipping 联合算法对相位进行了优化分组处理，使得在遍历搜寻时的相位组合减少。当符号数 M 取 2400、S 设定为 8、子块大小与可选相位因子分别取 4 时，两种算法的复杂度比较结果如表 6-6 所示。由表 6-6 可知次优 PTS-Clipping 联合算法的复杂度大大降低。

表 6-6 两种算法复杂度比较

算法	计算量
传统 PTS 算法	复杂度 $= M \times 4^4 = 614000$
次优 PTS-Clipping 联合算法	复杂度 $\leqslant \dfrac{4 \times M}{S} \times 4^4 + 2400 = 309600$

为降低 OFDM 信号峰均功率比，提出了基于门限的次优 PTS-Clipping 联合算法，通过对现有降低 PAPR 的算法进行仿真分析与比较得出，与传统 PTS 算法相比，次优 PTS-Clipping 联合算法复杂度降低了近一半，PAPR 性能降低了 1 dB，误比特率也优于传统限幅算法。联合算法不仅有效降低了 OFDM 系统的峰均功率比，而且解决了传统 PTS 算法复杂度过高和传统限幅算法边带噪声引入过大的问题。

6.5 基于星座预扩展的 PTS 算法

6.5.1 星座预扩展

星座扩展(active constellation extension，ACE)是一种通过非双射的星座图映射方法来抑制 OFDM 系统 PAPR 的算法。ACE 在进行星座映射时，不是将星座点映射到某些特定的点上，而是映射到指定的区域。假设一个 OFDM 信号采用 QPSK 进行调制，每个子载波有四个星座点，分别在一、二、三、四象限内，假设在系统中加入高斯白噪声，则每个星座点的最大似然判决域分别为各自所在的象限[63]。

当加入的高斯白噪声足够大时，星座点就会溢出到其他三个象限之一中去，那么在接收端就会出现误码问题。如果在发送端使信号的星座点向外扩展发散出去一部分，即远离判决域，接收端的误码率就会降低。因此，可以在发送端改变星座的映射方式，让每两个比特映射到同一区域，而不是单个的点，如图 6-16 所示，阴影部分表示采用 QPSK 调制时每一象限中星座可以映射的区域。

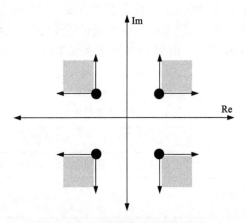

图 6-16　QPSK 星座可扩展区域

在 OFDM 系统中，如果要将星座点扩展到阴影区域，则需要在发送端的信号上叠加若干正弦信号和余弦信号。假设能够确定这些星座点的位置，则这些叠加的正余弦信号可以减少相位相同的子载波产生，因为正余弦信号叠加后能够改变信号的幅度以及相位。因此 OFDM 系统中信号的峰值会减少，从而降低系统的 PAPR。

ACE 算法也适用于其他调制方式，如 QAM、PSK 等，因为不管调制方式的阶数是多少，星座点中的最外层星座点始终被允许向外扩展。例如 16QAM 和 64QAM，所有的星座点可以分为三类：内部星座点、边星座点和顶点星座点。如图 6-17 所示为 16QAM 的星座点可扩展区域，从图中可以看出，内部星座点不能再扩展，边界星座点只能向一个方向扩展，而顶点星座点能够移动的区域比较大，可在二维方向上扩展。

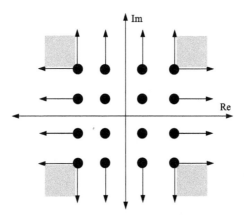

图 6-17　16QAM 的星座点可扩展区域

无论是 QPSK 还是 QAM，其星座扩展图都是矩形。当然，对于非矩形星座图的调制其星座图也可以扩展，只是星座点不再被划分成上文所说的三类，例如相移键控 MPSK，当 $M \geq 4$ 时，其映射点的可扩展区域夹角为 $2\pi/M$，8 PSK 的星座可扩展区域如图 6-18 所示。

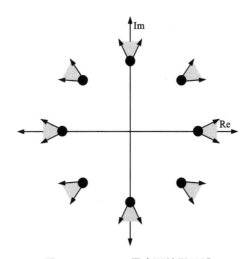

图 6-18　8 PSK 星座可扩展区域

6.5.2 凸集映射

凸集映射(POCS)方法具有绝对收敛的优势,因为 POCS 算法能够使系统时域信号的峰值收敛到一个特定的门限值以下,因此能够达到降低 PAPR 的效果。本章只考虑复基带信号的情况。凸集映射一般有两个集合:

(1)S_A:包含所有向量 $\boldsymbol{y} \in R^N$,且满足 $\|\boldsymbol{y}\|_\infty \leqslant A$,其中 A 是大于零的常数。

(2)S_B:R^N 的 N 维子空间包含了所有向量 $\boldsymbol{y}$,用来满足其 FFT 变换后的 $\boldsymbol{Y}$ 在 ACE 的约束范围内。

ACE-POSE 算法[64]如下:

步骤一:从给定的数据块中得到星座点 X,对 X 做 IFFT 变换得到时域信号 x。

步骤二:剪切满足 $|x_n| \geqslant A_{\max}$ 的信号,可以获得:

$$\bar{x} = \begin{cases} x_n, & |x_n| \leqslant A_{\max} \\ A_{\max} e^{j\theta[n]}, & |x_n| > A_{\max} \end{cases} \tag{6-31}$$

式中:$A_{\max}$ 是基于仿真模拟确定的最大幅度。

步骤三:对 $\bar{x}$ 进行 FFT 变换得到 $\bar{S}$。

步骤四:对 $\bar{S}$ 进行 ACE 约束,内部点恢复到原始值,外部点全部投影到可扩展区域,如果某些外部点不在可扩展区域的边界内,则利用式(6-32)对这些外部点进行修改。

$$\mathrm{Re}(\bar{S}_k) = \begin{cases} \mathrm{Re}(\bar{S}_k), & |\bar{S}_k| \geqslant A^{\mathrm{QAM}} \\ A^{\mathrm{QAM}} e^{j\theta(\bar{S}_k)}, & |\bar{S}_k| < A^{\mathrm{QAM}} \end{cases}$$

$$\mathrm{Im}(\bar{S}_k) = \begin{cases} \mathrm{Im}(\bar{S}_k), & |\bar{S}_k| \geqslant A^{\mathrm{QAM}} \\ A^{\mathrm{QAM}} e^{j\theta(\bar{S}_k)}, & |\bar{S}_k| < A^{\mathrm{QAM}} \end{cases} \tag{6-32}$$

式中:A^{QAM} 是星座图中的幅度最大值。

步骤五:返回步骤一,并进行迭代,直到没有星座点需要被剪切或者达到最大迭代次数。其迭代过程如图 6-19 所示,可以看出,迭代从凸集 A 开始指向凸集 B,并在 A、B 之间来回迭代,往返多次后会出现重叠部分,即为该算法多次迭代后的次优解集,下面通过复基带信号来说明此解集。

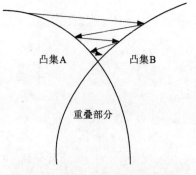

图 6-19 星座扩展算法迭代过程

在实际 NC-OFDM 系统中应用较多的是复基带信号，使用 ACE 算法最大化或者最小化 PAPR 的优化问题求解过程非常复杂，其目标函数可以表述为：

$$\min_{C \in \zeta} E \text{ 服从}: |x_{i/L} + f_i C|^2 \leqslant E, \ i = 0, 1, \cdots, NL-1, \ E \geqslant 0, \ C \in \zeta \quad (6-33)$$

式中：f_i 表示 IFFT 的行向量。因此，目标函数的最值求解就变成了一个非线性规划的求解，我们知道在求解非线性规划问题时，其最优解是很难解出来的，所以，在实际应用中，一般选择求其次优解。

ACE 算法的计算工作量由两个 IFFT 变换组成，则总的计算复杂度为：

$$C_{ACE} = \begin{cases} n_{mul} = (4N \log_2 N) \times D \\ n_{add} = (6N \log_2 N) \times D \end{cases} \quad (6-34)$$

因此，考虑了 ACE 凸集映射算法和其计算复杂度以后，发现 ACE 算法适用于无线通信系统，且该算法是针对复基带信号的。如果需要对实基带信号进行求解，可以对凸集映射算法进行简化改进，这里不做阐述。

6.5.3　ACE 性能评价

仿真参数设置如表 6-7 所示，采用 QPSK 调制和 16QAM 调制以后的星座扩展图分别如图 6-20 和图 6-21 所示。从图中可以看出，内部星座点保持原有的状态，边星座点可以朝一个方向扩展，顶点星座点可在二维方向上扩展。因为星座点之间最初的欧氏距离没有减少，所以不会使得接收端的误码性能降低，例如采用 QPSK 调制的系统，在使用 ACE 凸集映射算法前的误码率为 0.000820312，在使用该算法后的误码率为 0.000640625，可见前后的误码率差别甚小。

表 6-7　POCS 仿真参数

OFDM 符号数	1000
OFDM 子载波数目	128
调制方式 1	QPSK、16QAM
迭代门限值	6 dB
迭代次数	10

图 6-22 为使用 ACE-POCS 算法前、后的 OFDM 时域波形图，可以看出，在使用 ACE-POCE 算法前，其时域峰值在 4 以上，而使用 ACE-POCE 算法后的时域峰值降到了 3 至 4 之间。

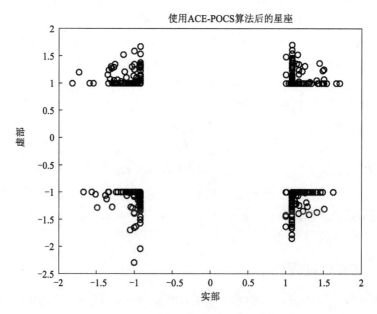

图 6-20　星座扩展图(QPSK 调制)

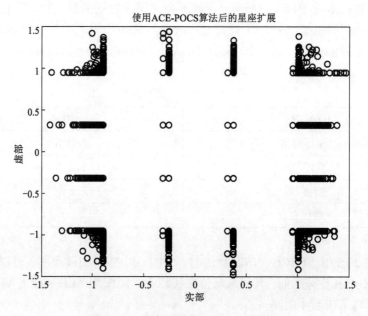

图 6-21　星座扩展图(16QAM 调制)

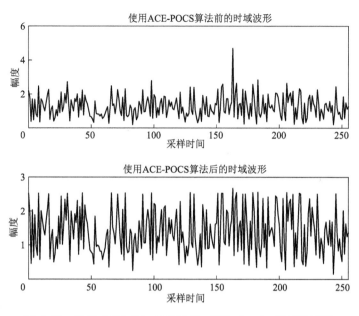

图 6-22　使用 ACE-POCS 算法前、后的 OFDM 时域波形图

为了更直观地说明 ACE 凸集映射算法能够使系统的门限值收敛到某一个数值以下，采用 MATLAB 仿真验证，参数设置见表 6-8。

表 6-8　仿真参数设置

OFDM 符号个数	1000
子载波数	256
调制方式	QPSK
迭代门限	8 dB
迭代次数	10 次

图 6-23 为原始 NC-OFDM 与采用 ACE 凸集映射算法后 PAPR 的 CCDF 仿真曲线图。从仿真曲线可以发现，ACE 凸集映射算法的优化效果很明显，例如，通过仿真后的实验数据可知，在 $P_r = 10^{-3}$ 时，使用了 ACE 算法后的 PAPR 仿真曲线比原始的 NC-OFDM 系统降低值为 3.05 dB。

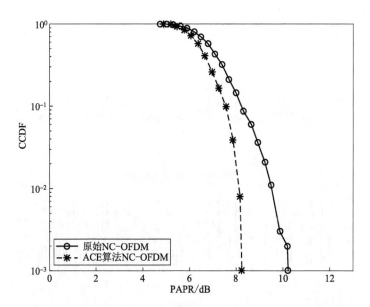

图 6-23　原始 NC-OFDM 与采用 ACE 凸集映射算法后 PAPR 的 CCDF 仿真曲线图

6.5.4　ACE-PTS 联合算法

本小节利用传统的部分传输序列(PTS)算法和星座扩展(ACE)算法相结合来降低峰均功率比。ACE 算法与凸集映射(POCS)算法相结合,即 ACE-POCS, PTS 与 ACE-POCS 相结合算法为 ACE-POCS-PTS,下文简化为 ACE-PTS 或 PTS-ACE。

在实际的通信系统中,采用单一算法降低 OFDM 系统 PAPR 时,往往不能达到最佳的效果。为了更好地达到预期优化 PAPR 的效果,研究者往往考虑系统多方面的性能,综合两种不同的算法来进行降低 PAPR 的研究。

在通信系统中,两种算法的综合应用相比于单一的算法而言,更能提升系统的性能,快速达到研究者想要的结果。但是,两种算法在综合利用时,必须优缺点互补,否则结合以后的新算法不仅不能达到想要的结果,反而会在系统中暴露出更大的劣势。许多学者针对 PAPR 的降低技术,提出了相应的联合算法。例如文献[65]中提出了一种 SLM-PTS 算法,文献[66]中提出了 PTS-Clipping 算法,文献[67]针对 ACE 算法提出了改进的 Clipping-ACE 算法,文献[68]和文献[69]分别提出了 ACE-TR 和 PTS-TR 算法。从这些联合算法不难看出,至少有一类概率类算法被用到,这也解释了前面章节所提到的在降低 PAPR 的方法中,概率类技术应用得最多、最广。

通过 6.5.3 小节的星座扩展算法介绍可知,实现星座点扩展时,有两种方法,即凸集映射(POCS)和智能梯度投影(SGP)。研究表明,ACE-SGP 在降低系统的峰值时速度较快,并且能够快速收敛到门限值以下,迭代次数也较少;而在实际的系统中 ACE-POCS 算法得到的次优解相比于 ACE-SGP 得到的次优解更加适合系统,但是 ACE-POCS 算法的收敛速度较慢。尽管 ACE-POCS 的收敛速度比不上 ACE-SGP 算法,但是当系统目标函数是最小化峰值而不是到达一个固定的值时,ACE-POCS 算法更合适。PTS 算法在降 PAPR 过程中属于线性操作,接收端的误码率性能几乎不受影响,由于需要采用全局搜索操作来遍历所有的相位旋转因子来寻求最优相位,计算的复杂度增加,ACE 算法的运算复杂度低于 PTS 算法。所以,综合考虑 PTS 算法和 ACE 算法的优缺点,提出一种改进的 ACE-PTS 算法并用于 NC-OFDM 系统降 PAPR 性能中,其可以充分利用两种算法的优点,从而达到最佳降低效果。

考虑 ACE 算法和 PTS 算法的综合性能以及参考文献[70]的研究,本节着重研究四种不同的 ACE-PTS 联合方案:ACE-PTS、交错 ACE-PTS、Half-to-Half ACE-PTS 以及 PTS-ACE。下面给出这四种联合算法的具体实现过程。

(1)ACE-PTS 算法

ACE-PTS 算法的基本原理如图 6-24 所示。首先对 OFDM 系统符号进行凸集映射算法扩展,在频域内将经过星座扩展后的信号进行分割以及串并转换,然后经过 IFFT 变换,得到分割后子块的时域信号,最后通过相位旋转因子进行加权重新组合,完成 PTS 算法的其他过程。其计算复杂度用式(6-35)来描述。

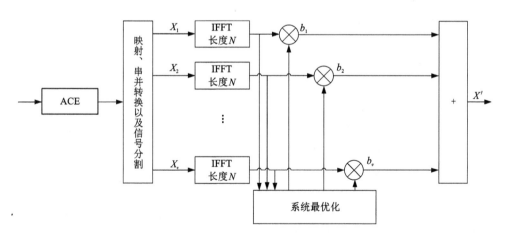

图 6-24　ACE-PTS 算法基本原理框图

$$\underset{\text{ACE-PTS}}{C} = \begin{cases} n_{mul} = (2V+4D)N\log_2 N + 2NW^{(V-1)} \\ n_{add} = (3V+6D)N\log_2 N + N[2(V-1)+1]W^{(V-1)} \end{cases} \qquad (6-35)$$

式中：V 为分割以后的子块数量；W 为旋转相位因子 b_v 的参数；n_{mul} 为乘法复杂度；n_{add} 为加法复杂度；D 为分割的子块数；V 为分割后每个子块的点数。

（2）交错 ACE-PTS 算法

交错 ACE-PTS 算法的基本原理如图 6-25 所示。实现过程是首先将频域信号分割，然后在每个子块上应用 ACE 算法来降低每个子块的 PAPR 值，接着进行 PTS 优化来选择各个子块的相位因子并进行加权重新组合，最后选择最优的 PAPR 进行传输，完成整个算法过程。

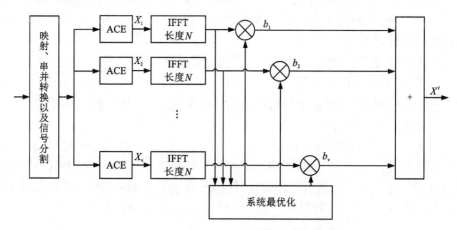

图 6-25 交错 ACE-PTS 算法基本原理框图

使用该算法时，计算复杂度相比于 ACE-PTS 算法更高，其计算量可以用公式（6-36）来说明。

$$\underset{\text{交错ACE-PTS}}{C} = \begin{cases} n_{mul} = 2NV\log_2 N(1+2D) + 2NW^{(V-1)} \\ n_{add} = 3NV\log_2 N(1+2D) + N[2(V-1)+1]W^{(V-1)} \end{cases} \qquad (6-36)$$

（3）Half-to-Half ACE-PTS 算法

Half-to-Half ACE-PTS 算法原理[71] 如图 6-26 所示。首先将 OFDM 频域符号均分为两个相邻的子块，即子块 1、子块 2，在子块 1（或者子块 2）中，子载波的前半部分被设置为零，在子块 2 中，子载波的后半部分设置为零。然后分别计算子块 1、2 的 PAPR 值，对 PAPR 较高的子块通过 ACE 算法进行优化，同时将另一个子块再进行分割，利用 IFFT 变换等步骤完成 PTS 算法过程，最后将 ACE 算法处理后的子块和 PTS 算法处理后的子块叠加送入传输信道。

使用 Half-to-Half ACE-PTS 算法的计算复杂度为：

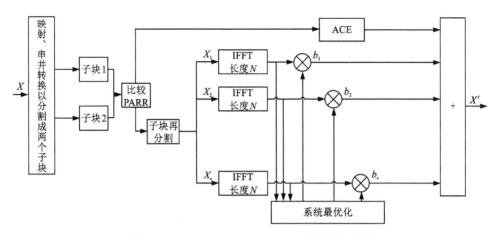

图 6-26　Half-to-Half ACE-PTS 算法原理框图

$$C_{\text{Half-to-Half ACE-PTS}} = \begin{cases} n_{\text{mul}} = 2N\left[\log_2 N(V+2D) + W^{(V-1)}\right] \\ n_{\text{add}} = N\left[3\log_2 N(V+2D) + (2V+1)W^{(V-1)}\right] \end{cases} \quad (6-37)$$

（4）PTS-ACE 算法

PTS-ACE 算法原理如图 6-27 所示。

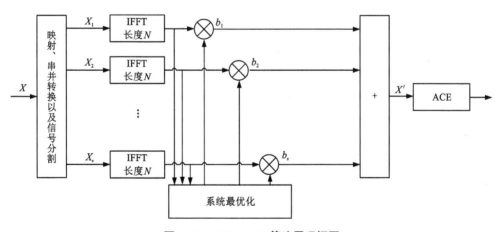

图 6-27　PTS-ACE 算法原理框图

从图 6-27 中可以看出此算法和 ACE-PTS 算法过程相反，首先对数据进行 PTS 算法处理，然后将经过 PTS 处理的输出信号作为 ACE 算法的输入信号。ACE 算法在进行优化时不用考虑超过预设幅度的星座点，因为 PTS 算法在输出数据时已经进行了相应的优化操作。

因为 PTS-ACE 算法是先完成 PTS 算法操作再经过 ACE 算法进行优化，所以其计算复杂度等同于两种算法计算复杂度的和，也等于 ACE-PTS 算法的计算复杂度。

$$C_{\text{PTS-ACE}} = \begin{cases} n_{\text{mul}} = (2V+4D)N\log_2 N + 2NW^{(V-1)} \\ n_{\text{add}} = (3V+6D)N\log_2 N + N[2(V-1)+1]W^{(V-1)} \end{cases} \quad (6-38)$$

6.5.5 仿真结果及分析

在这一小节，我们将进行仿真实验，针对四种不同的联合方案进行抑制 PAPR 仿真。具体参数设置如表 6-28 所示。

表 6-28　联合方案仿真参数设置

仿真参数	取值
OFDM 符号数	10000
总的子载波数	256
调制方式	16QAM
迭代次数	$D = 10$
相位旋转因子	$+1, -1$
允许的旋转因子数目	$W = 2$
过采样倍数	$L = 4$
分组数	$V = 4$

在进行仿真之前，有必要计算各个联合方案的计算复杂度，因为计算复杂度跟调制方式无关，所以根据式(6-34)~式(6-38)以及传统 PTS 算法[72]计算复杂度公式(6-39)，可得表 6-29。

$$C_{\text{PTS}} = \begin{cases} n_{\text{mul}} = 2NV\log_2 N + 2NW^{(V-1)} \\ n_{\text{add}} = 3NV\log_2 N + N(2V-1)W^{(V-1)} \end{cases} \quad (6-39)$$

表 6-29　各算法计算复杂度比较

PAPR 降低算法	计算复杂度	
	乘法(n_{mul})	加法(n_{add})
PTS	18432	35840
ACE	71680	96768

续表6-29

PAPR 降低算法	计算复杂度	
	乘法(n_{mul})	加法(n_{add})
ACE-PTS	90112	132608
交错 ACE-PTS	305152	465920
Half-to-Half ACE-PTS	90112	132608
PTS-ACE	90112	132608

　　从表 6-29 可以看出，在参数保持不变的情况下，四种联合方案的计算复杂度都高于原始单一的 PTS 或者 ACE 算法的计算复杂度。对比四种联合方案，交错 ACE-PTS 算法的计算复杂度最高，其他三种算法的计算复杂度在数值上均等于 PTS 和 ACE 的计算复杂度之和。

　　ACE 算法和 PTS 算法的四种联合方案，以及传统 PTS、ACE 算法抑制 PAPR 的仿真曲线如图 6-28 所示。

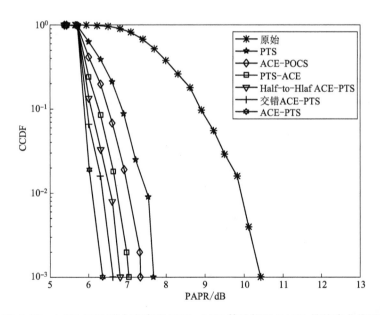

图 6-28　ACE-PTS 联合方案及 PTS、ACE 算法抑制 PAPR 的仿真曲线图

　　从图 6-28 中可以看出，四种联合方案在优化系统 PAPR 性能上优于传统单一的 PTS 算法或者 ACE 算法。对比四种联合方案，最佳组合是 ACE-PTS 算法，之后依次是交错 ACE-PTS、Half-to-Half ACE-PTS、PTS-ACE。PTS-ACE 算法的优化效果最差，原因是此联合方案中首先将 OFDM 符号数进行分割、相位因子加权重组，然后完成 PTS 算法再进入 ACE 算法，此过程中 ACE 在进行星座扩展时会削弱 PTS 已经优化过的 PAPR，导致系统整体优化效果降低。由此可以看出，最佳的抑制系统 PAPR 的联合方案是 ACE-PTS 方案。

6.6 基于加权预扩展的 PTS 算法

6.6.1 算法原理

考虑到系统的整体性能和仿真时所选用的子载波数较少，本小节在 PTS 算法中采用随机分割方式。NC-OFDM 系统中子载波是不连续的，在其中使用 PTS 算法时和在 OFDM 系统中一样，进行随机分割以后每组中的子载波数相同且分组后的数据长度不变。假设总子载波数 $N = 32$，有效子载波数为 16 的 NC-OFDM 系统，首先将有效子载波随机分割成两组，每组中有 8 个有效子载波，其余子载波置 0。NC-OFDM 系统中 PTS 算法的最优相位求解过程跟 OFDM 系统一样。

通过 6.5.5 小节的仿真分析得知，星座扩展算法和部分传输序列算法进行联合时，ACE-PTS 方案的降 PAPR 性能更好，ACE 算法本身需要多次迭代来达到降低 PAPR 的效果，但是，算法的多次迭代会引起峰值再生的问题，反而不能有效地优化系统的 PAPR。因此对 ACE-PTS 算法进行优化和改进是非常有必要的。基于此，本书提出了一种改进的 ACE-PTS 算法以克服星座扩展所带来的问题。该算法的主要实现步骤如下：

步骤一：将原始星座图中最外层星座点给予相同的权值进行加权处理，这里的权值只要能够使原始星座点扩展到传统 ACE 算法的映射区域即可，把处理后的星座图称为预扩展图，以 QPSK 星座点为例，其预扩展星座图如图 6-29 所示。

步骤二：对加权后的星座点 X 做 IFFT 变换，得到时域信号 $|x[n]|$。

步骤三：如果 $|x[n]| \geq A$，则需要对 $|x[n]|$ 进行限幅操作即映射到 S_A：

$$\bar{x}[n] = \begin{cases} x[n], & |x[n]| \leq A_{\max} \\ A_{\max}e^{j\theta[n]}, & |x[n]| > A_{\max} \end{cases} \tag{6-40}$$

对 $\bar{x}[n]$ 进行 FFT 变换得到 $\bar{X}$，其中 $A_{\max}$ 是特定的限幅幅度，S_A 是凸集。

步骤四：对 $\bar{X}$ 进行 ACE 操作，即将预扩展图中的星座点快速映射到 S_B 中，并使其所有星座点的幅度点都保持在 $A_{\max}$ 以下，S_B 是凸集。

步骤五：将进行 ACE 操作后的信号在频域内分割成 V 个子块，再经过 IFFT 变换得到时域信号。

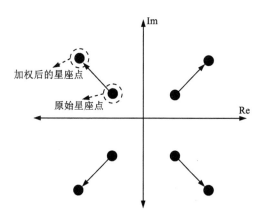

图 6-29　QPSK 星座点预扩展星座图

　　步骤六：将各子块的时域信号进行旋转相位因子的优化重组，选择最优的
PAPR，进一步完成 PTS 过程，从而完成系统发送端的步骤。

　　步骤七：在接收端完成 PTS 算法的逆操作。

　　改进的预扩展星座图在原始星座扩展技术上能保证凸集映射的快速完成，并
且收敛的速度很快。传统星座扩展技术需要在步骤四时重复操作步骤二、三才能
完成迭代过程，预扩展星座技术不需要此过程，因此使得系统的峰值再生概率降
低，从而能有效地抑制 NC-OFDM 系统的 PAPR。

　　改进的 ACE-PTS 算法原理如图 6-30 所示。

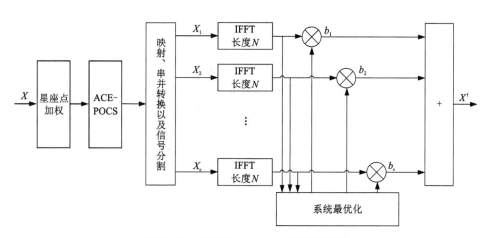

图 6-30　改进的 ACE-PTS 算法原理图

从图6-30中可以看出,改进的ACE-PTS算法的主要操作在于其在进行迭代之前,预先对最外层的星座点乘以一个相同的加权值μ,使其预扩展到ACE算法映射的区域内。对最外层星座点进行加权值的乘法操作,不仅适用于矩形类的星座图,也适用于其他星座调制方式,如M-PSK,由于篇幅有限,这里不做详细阐述。由于改进的ACE-PTS算法的计算复杂度上并没有增加,所以在实际系统中其计算量等同于原始的PTS-ACE算法的计算复杂度。

6.6.2 仿真结果及分析

改进的预扩展ACE-PTS算法的计算复杂度在数值上仍然等于PTS算法和ACE算法计算复杂度之和。为了验证改进的预扩展ACE-PTS算法在降低NC-OFDM系统的PAPR性能上与原始算法的区别,还需做进一步的仿真。设置总子载波数为128、256、1024,有效子载波数为64、128、256。

图6-31所示为使用预扩展ACE-PTS算法和原始ACE-PTS算法的NC-OFDM系统时域波形。

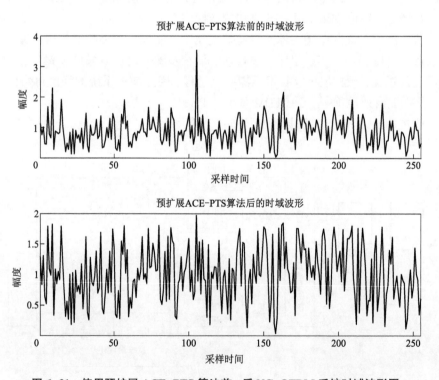

图6-31 使用预扩展ACE-PTS算法前、后NC-OFDM系统时域波形图

　　从 6.1 节可知，使用 ACE 凸集映射算法后，可使系统的时域波形幅度降到
3 至 4 之间，从图 6-31 中可以看出，使用预扩展 ACE-PTS 算法后，系统在时域
峰值上的优化性能有所提升。使用改进算法之前系统时域峰值幅度维持在 3 至
4 之间，而使用改进的 ACE-PTS 算法后，系统时域峰值降到了 2 至 3 之间。这说
明改进的 ACE-PTS 算法起到了抑制 NC-OFDM 系统峰值的效果。

　　图 6-32 所示为使用预扩展 ACE-PTS 算法前、后 NC-OFDM 系统 PAPR 的
CCDF 仿真曲线。有效子载波数统一设置为 64，总的子载波数分别设置为 128、
256、1024。

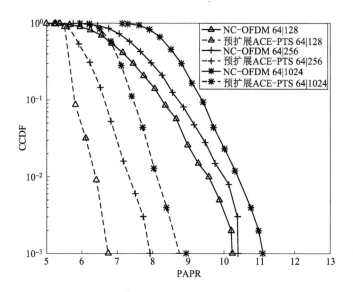

图 6-32　使用预扩展 ACE-PTS 算法前、后 NC-OFDM 系统 PAPR 的 CCDF 仿真曲线

　　从图 6-32 可以看出，改进后的预扩展 ACE-PTS 算法能有效降低 NC-OFDM
系统的 PAPR，而且在有效子载波数固定时，系统总的子载波数越少，降低 PAPR
的效果越好。例如图 6-32 中，当有效子载波数为 64，总的子载波数 N 依次为
128、256、1024 时，其 CCDF 性能分别可以提高 3.3 dB、2.7 dB、2.4 dB。这再次
证明子载波的数量会影响系统 PAPR 的抑制性能。

　　为了验证在子载波数一定时，有效子载波数量的变换也会影响系统的 PAPR
性能，本书做了如下仿真。设置 NC-OFDM 系统的总子载波数为 1024，有效子载
波数为 64，改进的预扩展算法的有效子载波数分别设置为 64、128、258。其仿真
实验结果如图 6-33 所示。

　　从图 6-33 中可以看到，当总的子载波数固定时，有效子载波数越少，预扩展
ACE-PTS 算法抑制系统 PAPR 的效果越好，并且整体抑制效果也是随着有效子

载波数量的改变而改变的。这也证明，当系统中总子载波数固定时，有效子载波数量的变化也会影响系统 PAPR 的抑制性能。

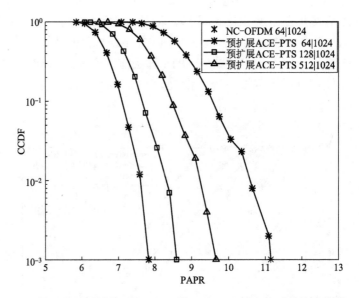

图 6-33　使用预扩展 ACE-PTS 前、后 NC-OFDM 系统仿真曲线

第 7 章　色移键控可见光相机通信

7.1　可见光相机通信系统

可见光相机通信(OCC)是一种新型 VLC 通信技术,其采用 LED 作为发送端、CMOS 相机作为接收端[92]。系统具体结构如图 7-1 所示。

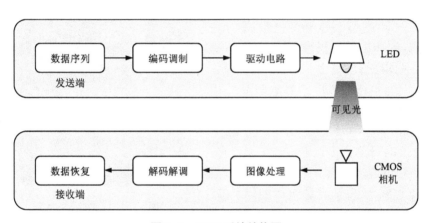

图 7-1　OCC 系统结构图

OCC 系统由发送端将原始数据序列先进行编码调制,这样既避免了"0"或"1"比特的持续出现,又可方便接收端同步,调制后的数据库入驱动电路,驱动电路中的场效应管来回切换开关状态,并对传输中的信号功率进行放大,接收到放大功率后的电信号驱使 LED 发出可见光信号,传到自由空间信道[93]。OCC 系统中通常使用二进制开关键控作为调制方式,LED 亮时表示发送的数据为'1',LED 熄灭时表示发送的数据为'0'。OCC 属于一种短距离的特殊的无线通信技术,传播的信道为自由可见光信道。距离的增加会导致信号强度逐渐衰减,信号损害也会逐步增大,室内的空气颗粒对信号的损害属于自然损害,可调整合适的发送光功率完成短距离传输；室外的天气影响、外界光干扰、空气杂质增多等更复杂的环境都会加大对传输质量的影响，因此室外应用的 OCC 对系统的要求更高，所以低成本的 OCC 系统更适合室内传播应用[94]。接收端的 OCC 系统通常采用 CMOS 相机来接收光信号。CMOS 相机主要通过图像传感器将信号转换成 RGB 图像，然后对图像进行颜色空间转换、均值处理、灰度转换等一系列操作。解调的时候需要进行列矩阵选择、阈值判决、同步检测和下采样组成，最终恢复出传输数据。

7.1.1　CMOS 成像

当前普及的智能手机摄像头多数采用图像传感器来感光成像，且目前主流的图像传感器主要分为电荷耦合器件（CCD）图像传感器以及 CMOS 图像传感器。CMOS 图像传感器相较于 CCD 图像传感器而言，具有成本低、尺寸小、功耗低以及处理数据速度更快等优点。本书中实验使用的手机摄像头是小米 4 手机的后置摄像头，该智能手机采用的是 CMOS 类型的图像传感器。

手机摄像头主要由镜头、固定器和滤色片、CMOS 传感器等部件组成。其中，镜头的作用是将视野范围中的景物光汇聚到图像传感器上。图 7-2 为手机摄像头内置彩色图像传感器示意图，其主要由滤光片点阵以及 PIN 点阵组成。

如图 7-3 所示，颜色滤光片主要用于将通过的可见光变为单色光（如红色光、绿色光或蓝色光），使每个 PIN 只能感受到红色、绿色或者蓝色中的一种颜色。PIN 主要是将接收到的光信号转化为电信号（实现光电转化），并通过信号

图 7-2　彩色图像传感器

处理模块对电信号进行放大以及模数转换，最终将接收到的可见光信号转换为数字信号。由于 PIN 只能对单色光进行感知，且每个像素以单色数据形式存储，被称为原始数据（RAW DATA）。最后通过图像信号处理器将每个像素的原始数据转化为三基色数据，并经过数字信号处理将三基色数据转化为 YUV 或者 RGB 格式的数据，形成彩色图像。

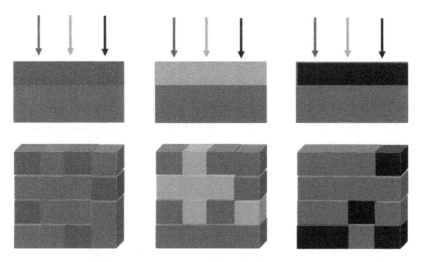

图 7-3　光通过彩色滤波片到达图像传感器

7.1.2　全局快门

　　智能手机摄像头的图像采集方式主要分为卷帘快门和全局快门。图 7-4 为全局快门效果原理，其通过图像传感器将图像场景瞬间记录下来，即在同一时间将所有像素点同时曝光进而采集图像场景。CCD 类型的图像传感器通常采用全局快门的方式采集图像场景。

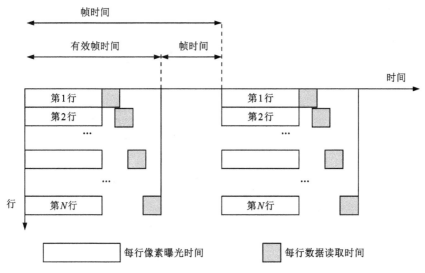

图 7-4　全局快门效果原理

基于全局快门效应的可见光相机通信系统原理如图 7-5 所示,CMOS 图像传感器中所有像素点会被同时激活,因此拍摄的图片中所有的像素值是相同的(即只能采集 LED 光源的一种强度信息),因此基于全局快门效应可以瞬间捕获运动物体的状态信息。当采用全局快门机制的手机摄像头作为可见光通信系统的接收机时,由于整张图片只能采集一个 LED 的状态信息,因此,OCC 系统中 LED 的状态变化速率要小于手机摄像头的帧速率。目前,市面上通用的智能手机摄像头的帧速率只有几十帧/秒,这意味着人眼将会察觉到 LED 的状态变化,从而影响正常的照明,且这样低速率的数据传输很难满足人们对数据流量的需求。

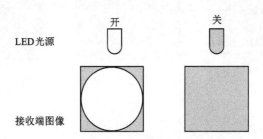

图 7-5　基于全局快门效应的可见光相机通信系统基本原理

7.1.3　卷帘快门

图 7-6 所示为卷帘快门效果原理,其通过图像传感器逐行扫描曝光图像场景,直至所有像素点被曝光。通常 CMOS 图像传感器所采用的图像采集方式均为卷帘快门。

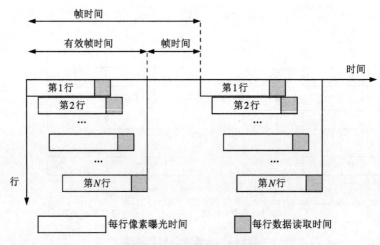

图 7-6　卷帘快门效果原理

无论是 CCD 类型的全局快门模式还是 CMOS 类型的卷帘快门模式，采集完第一帧图像后都会存在一段时间处于未工作状态。这段时间内，图像传感器将采集到的信号组合成一帧完整的图像，并为下一帧图像的接收做准备，且每一帧图像的处理时间一般占据整帧图像生成时间的 60%～90%。图像传感器在处理时间内处于未激活状态，无法继续接收可见光信号，导致数据信息丢失。通常处理帧间隙的方式是将每帧的数据重复发送 2～3 次，以保证数据传输的可靠性。

为了解决全局快门 OCC 系统中低数据速率的问题，科研人员提出了采用卷帘快门效应的手机摄像头作为可见光通信系统的接收机，实现了数据速率高于摄像头帧速率的可见光通信。如图 7-7 所示为卷帘快门模式的 OCC 系统基本原理。基于卷帘快门效应可见光通信系统需要满足信号的传输速率低于图像传感器的行扫描速率且高于摄像头的帧速率。因此，当单色光 LED 或 RGB-LED 处于开启状态时会有多行像素点曝光，并将接收到的可见光信号转换为电信号的形式存储下来，形成明条纹或彩色条纹；相反地，当单色光 LED 或 RGB-LED 处于关闭状态时也会有多行像素点曝光，并相应地将接收到的可见光信号转换为电信号的形式存储下来，形成暗条纹。图 7-8 所示为中基于颜色空间的光学相机通信系统实验所拍摄的图片。由于手机摄像头的曝光时间固定不变，RGB-LED 中红色、绿色以及蓝色芯片开启和关闭的持续时间不同，接收图片中彩色条纹的宽度也将不同，且彩色条纹的宽度与 RGB-LED 的状态持续时间呈正比例关系，因此，条纹的颜色和宽度携带着数据信息及位数。

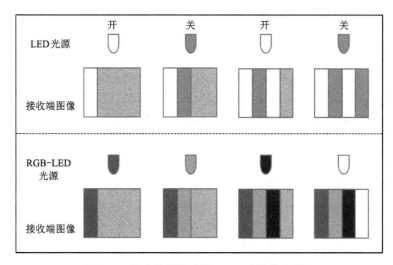

图 7-7 卷帘快门模式的 OCC 系统基本原理

图 7-8　基于颜色空间的光学相机通信系统实验拍摄图

7.1.4　无闪烁传输编码

基于手机摄像头的可见光通信系统需要保证在提供通信的同时兼顾照明，因此，作为信号发送机的 LED 光源必须满足正常照明的要求，即人眼无法察觉到 LED 光源的闪烁。由于人眼所能感知的临界闪烁频率为 100 Hz，因此在设计无闪烁传输的 OCC 系统时一定要确保 LED 光源在切换开、关状态的最大延时要小于 10 ms。为了保证健康、无污染的通信环境，VLC 标准规定，LED 光源切换开、关状态的最大延时要低于 5 ms（信号的调制频率不能小于 200 Hz）。通常基于卷帘快门效应 OCC 系统的数据速率要低于 CMOS 图像传感器的行扫描速率，当数据速率过大时，曝光时间固定导致捕获的图像帧出现曝光重叠效应，进而降低了系统的误码性能。针对采用 LED 作为光源的卷帘快门 OCC 系统的闪烁问题，除了提高调制频率以外，还可以通过预编码的方式来解决。

由于基于手机摄像头的可见光通信中的信号调制方式与传统的可见光通信有所不同，通常采用二进制开关键控（on-off keying，OOK）调制格式来调制原始数据。一般由电脑终端生成伪随机二进制序列（PRBS），经过 OOK 调制的信号再通过以太网端口下载到 FPGA 开发板中，通过开发板上的数字 IO 将信号连接至驱动电路进而控制 LED 灯的亮灭状态，完成可见光信号的发送。此时，由于生成的 PRBS 可能会有长连的'0'或'1'，且必须保证信号的调制频率高于 200 Hz，因此需要对 PRBS 进行预编码处理。具体的编码方案如下。

（1）曼彻斯特编码：又称为数字双向码，是一种用电平跳变的方式来表示'1'或'0'的编码方式。信号经过曼彻斯特编码后，其每个周期内的码元信息会产生跳变,因此,既可以作为数据信号也可以作为时钟信号。其编码原理如图 7-9 所示,当信号从高电平跳变为低电平时表示'1',即原始数据信号中的'1'可用'10'表示;反之,当信号从低电平跳变为高电平时表示'0',即原始数据信号中的'0'可用'01'表示。

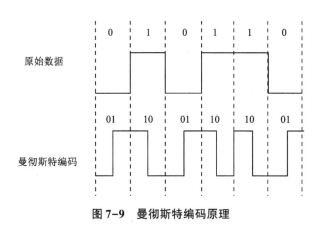

图 7-9　曼彻斯特编码原理

　　由于曼彻斯特编码在每一个时钟位都必须变化一次,可以有效地解决 PRBS 中长连'1'或'0'的问题,但数据信息的冗余度较大,数据传输速率只有调制速率的一半。因此,本书选择编码效率较高的 3B/4B 编码。

　　(2)3B/4B 编码:是 8B/10B 编码的一部分,将 8 bit 数据信息分成 3 bit 和 5 bit 两组,分别对应 10bit 中的 4 bit 和 6 bit,以确保'0'码元与'1'码元个数一致,进而达到直流均衡的效果。由于 3B/4B 编码与 8B/10B 编码的编码效率相仿,且 8B/10B 编码的实现复杂度较高,因此本书采用 3B/4B 编码方式。在 4 bit 分组中的 16 种编码中只有 6 种是完美平衡的(即'0'码元与'1'码元个数一致),无法满足 3 bit 中要求的 8 种编码值。因此在编码过程中,需要用到极性偏差(running disparity,RD)参数表示不平衡度,且不平衡的个数只能为'+2'或'-2'(即当'0'的个数比'1'的个数多时为'+2',反之,则为'-2')。其不均等性运行规则及编码原理如图 7-10 所示,经过编码后的数据中除了控制字符外,不会出现超过 3 个连续的'1'或连续的'0'。从而保证了'0'码元和'1'码元的相对平衡,实现了 OCC 系统高性能、无闪烁的传输。

3b/4b code

输入		RD=-1	RD=+1	输入		RD=-1	RD=+1
	HGF	fghj			HGF	fghj	
D.x.0	000	1011	0100	K.x.0	000	1011	0100
D.x.1	001	1001		K.x.1 ‡	001	0110	1001
D.x.2	010	0101		K.x.2 ‡	010	1010	0101
D.x.3	011	1100	0011	K.x.3	011	1100	0011
D.x.4	100	1101	0010	K.x.4	100	1101	0010
D.x.5	101	1010		K.x.5 ‡	101	0101	1010
D.x.6	110	0110		K.x.6 ‡	110	1001	0110
D.x.P7 †	111	1110	0001	K.x.7 † ‡	111	0111	1000
D.x.A7 †	111	0111	1000				

图 7-10   3B/4B 编码原理

7.1.5   光晕效应

手机摄像头中 CMOS 图像传感器在接收 RGB-LED 光源调制信号时，若 RGB-LED 的光照强度较高，捕获的图像帧中光源区域内像素点接收光功率较大导致像素饱和，并且饱和区域的像素会溢出到相邻像素，导致相邻像素处于饱和或接近饱和状态，这一过程被称为"晕染效应（blooming effect）"。利用卷帘快门模式的 CMOS 图像传感器接收可见光信号时，信号被逐行扫描并存储在图像中，每行像素灰度值对应相同的数据信号。因此，在对图像帧进行解调时，只需选取照片的一列来进行解调。由于确定彩色条纹宽度是信号解调中非常重要的一步，且越靠近图片中心区域的彩色条纹的对比度越不明显，因此光晕效应会降低 OCC 系统的传输性能。

通常需要引入相关数字图像处理算法来解决这个问题，但考虑到引入算法会提高 OCC 系统的复杂度，本书提出采用光漫射器来解决这一问题，即在手机镜头和塑料透镜之间放置一张纸巾碎片。图 7-11 为放置光漫射器和未放置放光漫射器的对比图。加入光漫射器不仅可以增强图像中彩色条纹的对比度，还可以降低系统的复杂度。

(a) 无光漫射器效果图

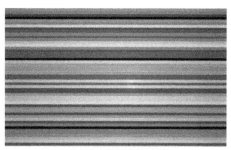
(b) 有光漫射器效果图

图 7-11　放置光漫射器和未放置放光漫射器的对比图

7.1.6　可见光相机通信系统硬件设计

基于手机摄像头的可见光通信(OCC)系统的发送端和接收端主要元器件为 RGB-LED 和智能手机摄像头，在设计系统硬件电路时，不需要考虑接收端的硬件设计，只需要对发送端进行硬件电路设计。如图 7-12 所示为系统框图，发送端通过 PC 将信号下载至 FPGA 开发板的数字 I/O 中，控制三路 LED 驱动板电路的通断状态，进而驱动商用 RGB-LED 的红色/绿色/蓝色芯片。

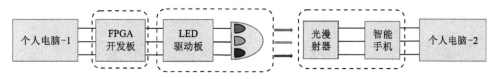

图 7-12　基于手机摄像头可见光通信的系统框图

FPGA 开发板(型号：Xilinx XC6SLX16)作为信号源产生调制后的 OOK 电信号，因此 OCC 系统的硬件电路设计主要为 LED 驱动电路。由于在实验过程中 RGB-LED 放热明显，因此将 RGB-LED 与驱动电路区分开并用连接线相连。图 7-13 为 RGB-LED 驱动电路的设计原理图与实物图，由于三路信号独立且同时发送，因此设计原理相同。每路信号通过两个场效应管(field effect transistor, FET)来切换信号的通断状态，并且在对电信号进行功率放大的同时，该驱动电路还可以有效降低输入电流，从而延长 RGB-LED 的使用寿命，确保实验器材的可再利用性，进而降低实验成本。

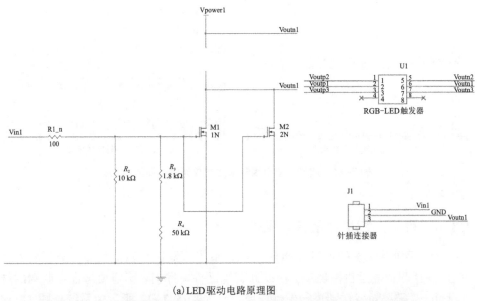

(a) LED驱动电路原理图

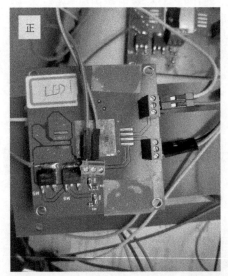

(b) LED驱动电路实物图

图 7-13　RGB-LED 驱动电路的设计原理图与实物图

7.2　色移键控技术

7.2.1　RGB 颜色空间

RGB 颜色空间以 R、G、B 三种基色为基础，通过这三种基色的线性组合可以生成任意一种颜色。如图 7-14 所示，RGB 颜色空间可由一个正方体来表示，对角线表示不同的灰度。黑和白代表了灰度值的强弱，范围为 0~255，灰度值越高表示颜色越深，灰度值越低表示颜色越浅。青色、紫色、黄色分别是红、绿、蓝三色的两两组合，青色由绿色和蓝色组合而成，RGB 取值为(0, 255, 255)，黄色由红色和绿色组合而成，RGB 取值为(255, 255, 0)，紫色由红色和蓝色组合而成，RGB 取值为(255, 0, 255)。其他颜色都可由 R、G、B 三色组合而成。

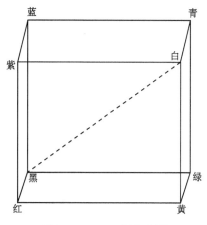

图 7-14　RGB 颜色空间

RGB 颜色空间的 R、G、B 三个分量都受到光照强度影响，光照很强时灰度值很高，三基色往白色方向移动，光照很弱时灰度值很低，三基色往黑色方向移动。因此，亮度改变颜色也会随之改变。人眼很难辨别出三基色的具体分量值，对颜色值的识别偏差较大，因而在图像处理中很少使用 RGB 颜色空间，而是将图像转化到 YCbCr 颜色空间或 CIE*lab* 颜色空间中进行处理。

7.2.2　YCbCr 颜色空间

YCbCr 颜色空间在世界数字组织视频标准研制过程中作为 ITU-R BT.601 建议的一部分，其由 YUV 转化而来，Y 表示颜色亮度，U/V 表示颜色色度。YCbCr 颜色空间中的 Y 与 YUV 中的 Y 一样表示颜色亮度，Cb 表示蓝色分量程度，Cr 表示红色分量程度。在图像处理中，人们对亮度分量更加敏感，因此在处理时通常分离 Y 分量，然后对 Cb 和 Cr 做进一步的处理。在利用 YCbCr 颜色空间映射和解映射时，同样将亮度值与颜色值分离，把 RGB 三维矩阵降到二维矩阵进行处理。RGB 颜色空间转化到 YCbCr 颜色空间的公式如式(7-1)和式(7-2)所示。

$$R = 1.164 \times (Y-16) + 1.596 \times (Cr-128)$$
$$G = 1.164 \times (Y-16) - 0.392 \times (Cb-128) - 0.813 \times (Cr-128) \qquad (7-1)$$
$$B = 1.164 \times (Y-16) + 2.017 \times (Cb-128)$$

$$\begin{pmatrix} Y \\ Cb \\ Cr \end{pmatrix} = \begin{pmatrix} 0.257 & 0.564 & 0.098 \\ -0.148 & -0.291 & 0.439 \\ 0.439 & -0.368 & -0.071 \end{pmatrix} \begin{pmatrix} R \\ G \\ B \end{pmatrix} + \begin{pmatrix} 16 \\ 128 \\ 128 \end{pmatrix} \qquad (7-2)$$

式中：R、G、B 分别为红、绿、蓝分量，其取值范围为 0~255。Y 表示亮度取值，为 16~235，Cb 和 Cr 表示两种色度取值，均为 16~240，RGB 与 YCbCr 之间的变量已经经过归一化处理，通过线性变换处在一定范围内。将 RGB 图像转换到 YCbCr 颜色空间后，占用的频带变少，更重要的是颜色的可辨识度得到很大增强。图 7-15 为去掉 Y 亮度分量后，YCbCr 颜色空间的二维星座图。

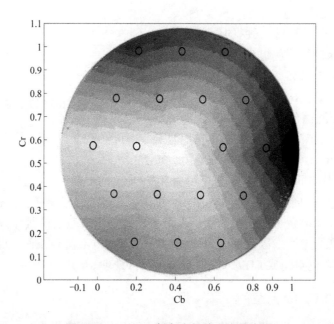

图 7-15　YCbCr 颜色空间的二维星座图

　　图 7-16 为数据映射后 YCbCr 颜色空间中的类 QPSK 二维星座图。不难看出，图中所选的四个颜色基准点之间的欧氏距离足够大，更容易实现对颜色信号的识别。

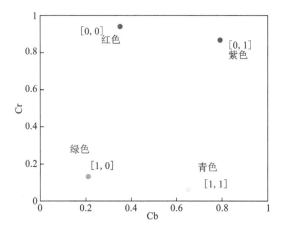

图 7-16 数据映射后 YCbCr 颜色空间中的类 QPSK 二维星座图

7.2.3 CIE*lab* 颜色空间

CIE*lab* 是国际照明委员会（Internation Commission on Illumination，CIE）在 1976 年定义的色彩空间，是常用来描述人眼可见的所有颜色最完备的色彩空间。其中，*lab* 由一个亮度通道和两个颜色通道组成，*l* 表示亮度，*a* 表示从绿色到红色的分量值，*b* 表示从蓝色到黄色的分量值。与 RGB 颜色空间相比，CIE*lab* 颜色空间更适合人类视觉，也更容易调整：想要调节亮度就调节 *l* 通道，想要调节色彩程度就调 *a* 和 *b*。由于 CIE*lab* 颜色空间与设备无关，RGB 颜色空间想要转换成 CIE*lab* 颜色空间就需要借助中间通道来完成，中间通道 CIE *XYZ* 颜色空间与 RGB 颜色空间转化如公式（7-3）和（7-4）所示。

$$\begin{pmatrix} X \\ Y \\ Z \end{pmatrix} = \begin{pmatrix} 0.434 & 0.376 & 0.190 \\ 0.213 & 0.716 & 0.072 \\ 0.018 & 0.109 & 0.873 \end{pmatrix} \begin{pmatrix} R \\ G \\ B \end{pmatrix} \tag{7-3}$$

$$\begin{pmatrix} R \\ G \\ B \end{pmatrix} = \begin{pmatrix} 3.080 & -1.537 & -0.543 \\ -0.921 & 1.876 & 0.045 \\ 0.053 & -0.204 & 1.151 \end{pmatrix} \begin{pmatrix} X \\ Y \\ Z \end{pmatrix} \tag{7-4}$$

可以看出，RGB 颜色空间的各行系数和为 1，相当于进行了归一化，确保得到 X、Y、Z 的取值范围均为 0~255，与 R、G、B 的取值范围相同。完成 RGB 颜色空间与过渡空间 XYZ 的转换之后，CIE*lab* 颜色空间就能通过 RGB 颜色空间得到。其转换过程如式（7-5）和式（7-6）所示。

$$\begin{aligned} l &= 116f(Y/Y_n) - 16 \\ a &= 500[f(X/X_n) - f(Y/Y_n)] \\ b &= 200[f(Y/Y_n) - f(Z/Z_n)] \end{aligned} \tag{7-5}$$

$$f(t)=\begin{cases} t^{1/3}, & t>\left(\dfrac{6}{29}\right)^3 \\ \dfrac{1}{3}\left(\dfrac{29}{6}\right)^2 t+\dfrac{4}{29}, & t\leqslant\left(\dfrac{6}{29}\right)^3 \end{cases} \qquad (7-6)$$

式中：X_n、Y_n、Z_n 通常默认为 1。经过归一化后，X、Y、Z 的取值范围和 t 的取值范围都为 0~1，对应的 l 分量为 0~100，a 和 b 分量为 -127~127，从而得到像素点转化为 a、b 分量的值。因此，需要得到彩色条纹所携带的全部信息，还应该将 CIE*lab* 颜色空间中的 l、a、b 转换到 RGB 颜色空间，转换公式如式(7-7)、式(7-8)所示。

$$\begin{cases} X=X_n f^{-1}\left(\dfrac{1}{116}(L+16)+\dfrac{1}{500}a\right) \\ Y=Y_n f^{-1}\left(\dfrac{1}{116}(L+16)\right) \\ Z=Z_n f^{-1}\left(\dfrac{1}{116}(L+16)-\dfrac{1}{200}b\right) \end{cases} \qquad (7-7)$$

$$f^{-1}(t)=\begin{cases} t^3, & t>\dfrac{6}{29} \\ 3\times\left(\dfrac{6}{29}\right)^2\left(t-\dfrac{4}{29}\right), & t\leqslant\dfrac{6}{29} \end{cases} \qquad (7-8)$$

从 RGB 颜色空间转换到 CIE*lab* 颜色空间时，本书提出的 8-CSK 也在 CIE*lab* 颜色空间进行了映射。8-CSK 在 CIE*lab* 颜色空间中各点最大欧氏距离偏小，解调时相邻的点容易造成误判，从而影响系统性能，且该颜色空间还需要通过过渡空间进行转换，才能在 RGB 颜色空间得到。因此，本书在 YCbCr 颜色空间进行实验，以 RGB 颜色空间、CIE*lab* 颜色空间作为参考对比。

7.2.4　CSK 调制

RGB-LED 配合色移键控(CSK)调制能够获得更高的数据速率。目前发送端使用的一种是白光 LED 灯；另一种是由红、绿、蓝三种颜色的光混合的 LED 灯。发送端利用 RGB-LED 的各种颜色的光携带信息数据，通过不同颜色的光的波长调制 LED 灯，接收端采用 CMOS 图像传感器对不同颜色数据进行解调，可以看出 CSK 调制技术是一种成本低的复用技术。如图 7-17 所示，在发送端编码后的数据先进行颜色映射，映射后的符号通过激活驱动电路使 RGB-LED 发出不同颜色的光信号，因而系统传输速率得到大幅度提升。

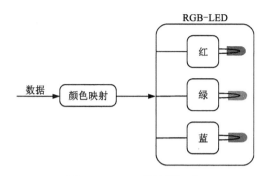

图 7-17 CSK 调制原理图

7.3 基于 4-CSK 调制的可见光相机通信

7.3.1 4-CSK 颜色空间映射

发送端生成一串随机二进制数据,在 YCbCr/CIE*lab* 颜色空间将序列中的每个数据对([0,0]、[1,0]、[1,1]、[0,1])分别映射为红色、绿色、青色、紫色的符号。每个颜色符号都被转换为一组 RGB 值,例如,红色、绿色、青色、紫色符号被相对应地转换为[1,0,0]、[0,1,0]、[0,1,1]、[1,0,1]。具体的 4-CSK 映射方案如表 7-1 所示。

表 7-1 4-CSK 映射方案

原始数据	映射后的数据符号
[0,0]	R:[1],G:[0],B:[0] (红色)
[1,0]	R:[0],G:[1],B:[0] (绿色)
[1,1]	R:[0],G:[1],B:[1] (青色)
[0,1]	R:[1],G:[0],B:[1] (紫色)

7.3.2 信号处理流程

图 7-18 为采用 4-CSK 传输方案的 MISO RSE-OCC 系统的收发端框图。发送端数字信号处理(digital signal processing, DSP)模块包括:①伪随机二进制数据产生器,用于产生原始二进制码流;②数据映射,将二进制数据映射为 YCbCr 空间的颜色信号或 CIE*lab* 空间的颜色信号(CIE*lab* 空间在实验中用于与 YCbCr 空间

进行性能对比）；③数据转化，将映射数据转化为 RGB 三色信号；④RGB 三色通道信号分离；⑤插入同步序列。接收端 DSP 处理模块包括：①视频图像信号读取；②图像信号行范围选择；③信号同步，用于提取信号帧，并实现单码元符号周期估计④单码元符号内平均；⑤数据转化，将 RGB 三色信号转化为特定颜色空间上的信号（特定颜色空间包括 YCbCr 和 CIElab，其中 CIElab 颜色空间用于性能对比）；⑥数据解映射；⑦数据重组与整合；⑧误码率计算。经过以上步骤，最终可实现基于 4-CSK 调制方案的光学相机通信系统。

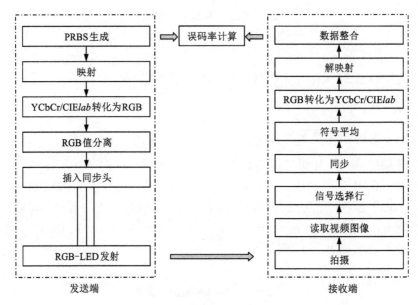

图 7-18　系统的收发端框图

将经过表 7-1 映射后的 RGB 数据封装成数据包，通过 FPGA 的 I/O 通道驱动 RGB LED 芯片。在此过程中，将 RGB 数据分为多个长度为 358 个符号的帧并发送两次，以避免因帧间隙而导致数据丢失的问题。此外，为了实现接收机的定时和频率同步，在每个帧的起始部位插入间隔为 96 个符号的 3 个同步头（SYNC）。其中，每个 SYNC 由 7 个连续的 RGB 数据符号[1, 1, 1]组成。因此，发送的信号将具有如图 7-19 所示的特殊结构。在接收端，通过智能手机摄像头拍摄视频来接收可见光信号。图 7-19 中的插图(i)所示为一个视频帧的片段。

接收端的解调过程包括以下步骤：

步骤一：对拍摄视频的每一帧信息进行提取，并将其读取为 RGB 数据矩阵。

步骤二：选择矩阵的一列之后，将执行如式(7-10)所示的时序同步：

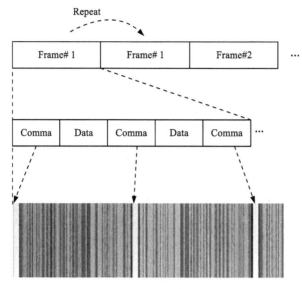

图 7-19　传输信号的帧结构

$$M_{pro}(d) = \sum_{i=0}^{2} \arg \max(I[d:d+N][i])/\mathrm{Var}(I[d:d+N][i]), \quad (7\text{-}10)$$

式中：M_{pro} 是同步定时度量，I 为 RGB 数据矩阵的选定列，$\arg \max(\cdot)$ 表示用于计算序列最大值的函数，而 $\mathrm{Var}(\cdot)$ 表示用于计算序列方差的函数。

步骤三：SYNC 将被从数据中移除，并且通过采样重构的方法实现频率同步。

步骤四：将一个符号周期中的采样点平均为一个符号，以减轻符号间干扰（inter-symbol interference, ISI）的影响。

步骤五：将获得的 RGB 数据转换回 YCbCr/CIE*lab* 数据。

步骤六：通过使用阈值判决或简单聚类方法将数据进一步映射为 YCbCr/CIE*lab* 中的二维星座图中的二进制数据。

步骤七：整合所获得的二进制数据并与原始二进制数据进行比较，以进行误码率（bit error rate, BER）计算。

7.3.3　硬件系统结构

基于 YCbCr 色彩预增强的 MISO-4CSK-OCC 传输系统装置如图 7-20 所示。发送端包括 FPGA 开发板、LED 驱动板以及 RGB LED；接收端包括塑料透镜、光漫射器以及智能手机。在发送端，FPGA 开发板为信号产生器，通过 JTAG 接口与个人计算机通信。FPGA 开发板输出的数字信号通过 I/O 接口控制两个 LED 驱动板，进而控制两个商用 RGB LED 的红、绿、蓝芯片开关切换，从而产生可见光信号。其中，RGB LED 的颜色芯片最大功率为 3W，总功率控制在 9W 以内。考虑到发送端未使用控制光发散角的透镜，且已调数据的 RGB LED 发射功率难以实现最大功率的输出，接收端的最大光照度较低。因此，在接收端使用了低成本的塑料透镜对光进行聚焦，以保证接收光信号质量。同时，通过光漫射器在一定程度上缓解光晕效应。接收端的智能手机采用专业摄影模式，从而实现可见光信号的接收。智能手机 ISO 和快门速度分别设置为 1760 和 1/8000 s，视频刷新率达30 fps，每帧视频分辨率为 3200×2400。所拍摄的视频通过 PC 作进一步分析处理，以计算误码率。

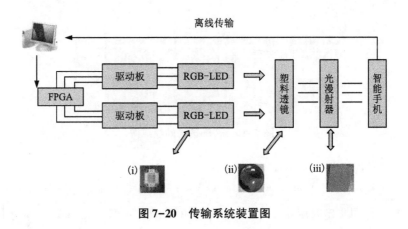

图 7-20　传输系统装置图

7.3.4　传输性能分析

7.3.4.1　不同颜色空间传输性能

实验中，设置发射机和接收机之间的距离为 0.8 m，发送端使用单个RGB LED 进行实验。通过改变 LED 驱动器的输入功率，可以在接收端获得不同的光照强度并相应地对系统性能进行分析，同时，可比较系统在不同颜色空间下对 4-CSK 信号解调时的性能。

实验结果如图 7-21(a)所示，当使用传统的 RGB 颜色空间时，系统的 BER总是超过硬判决纠错码门限(HD-FEC limit)。但是，当使用 YCbCr 颜色空间并且光照强度低至 420 lux 时，系统可实现低于 $3.8×10^{-3}$ 的 BER。该结果初步验证了所提出的基于 YCbCr 颜色空间的 4-CSK 传输方案的有效性。然而，当使用CIE*lab* 颜色空间时，要使系统的 BER 低于 $3.8×10^{-3}$，所需的光照强度为 480 lux，明显高于使用 YCbCr 颜色空间时所需的光照强度。这是因为 YCbCr 颜色空间中2D 星座的欧氏距离大于 CIE*lab* 颜色空间中 2D 星座的欧氏距离。颜色空间中类

QPSK 二维星座的欧氏距离越大，基于颜色识别的解调端越容易提取图片中有效数据信息。图 7-21(b) 和图 7-21(c) 分别为光照强度等于 420 lux 时，YCbCr 颜色空间和 CIE*lab* 颜色空间中接收到的星座图。不难看出，当使用 YCbCr 色彩空间时，其类 QPSK 星座图中的星座点更加清晰，系统具有更好的抗噪性能和缓解码间串扰性能，且在相同光照强度下，YCbCr 颜色空间相较于传统的 RGB 以及 CIE*lab* 颜色空间，具有更好的误码性能。

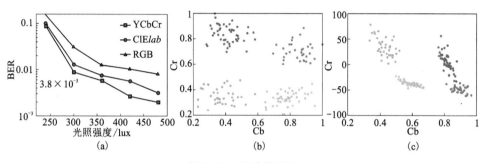

图 7-21 实验结果图

图 7-22 所示为 RGB 分离通道中信号和时序的同步度量。由图可知，当光照强度低至 250 lux 时，在 RGB 信道中的信号和测得的时序同步度量中，可以发现存在三个明显的峰值。这显然符合发送端预设传输信号的帧结构，根据式(7-10) 可以得到时序度量中的峰值点，即帧起始位，从而相应地提取帧信息。该结果验证了所提出的同步方法的有效性。

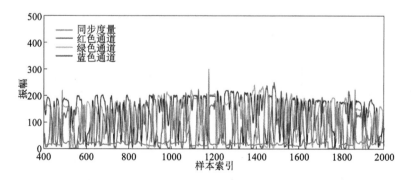

图 7-22 RGB 分离通道中信号和时序的同步度量

(扫描目录页二维码查看彩图)

通过以上实验结果可以得知，传统的 RGB 颜色空间由于受到晕染效应的影响，颜色识别度降低，且系统的误码性能较差。光照强度足够大时，基于 RGB 颜色空间的系统误码率才能低于硬判决纠错码门限，这需要增大系统的发射功率，显然不符合成本效益。基于卷帘快门效应的 OCC 系统的解调对象是视频帧图像，因此，需要通过更高识别度的颜色空间来完成颜色符号与数据信息之间的转换。本章所采用的 YCbCr 颜色空间可以有效地提高颜色识别度，效果优于 CIE*lab* 颜色空间，且系统所需的发射功率更低。

7.3.4.2 SISO 与 MISO 性能比较

实验中，设置系统的发射机和接收机之间的距离为 0.4 m，在采用基于 YCbCr 颜色空间的 4-CSK 传输方案的基础上，使用 MISO 空间复用方案且保证设置不变的情况下，对比分析了单输入-单输出(single input single output，SISO)与 MISO 的传输性能。

图 7-23(a)和图 7-23(b)分别为单独使用 LED-1 和 LED-2 时，所对应的相机拍摄的视频帧图像。由于实验中采用了柱状凹透镜，因此可将 LED-1 与 LED-2 的光束分集，这样手机摄像头所拍摄的视频帧图像中就会只有一半呈现出携带的数据信息。图 7-23(c)所示为使用 MISO 方案时拍摄的视频帧图像，从图像直观来看，该方案相当于摄入了双倍的图像信号。手机摄像头内置 CMOS 图像传感器的机制决定了拍摄的视频帧图像中只有一列像素值为有效数据信息，因此，该方案可以有效地提高系统的传输容量。

图 7-23(d)所示为单独使用 LED-1 和单独使用 LED-2 时的系统误码率情况。可以发现，调节单灯的发光强度，使接收端光照度在 120 lux 和 260 lux 之间变化时，使用 LED-1 或 LED-2 的系统误码率极为相似。图 7-23(e)所示为同时使用 LED-1 和 LED-2 时的系统误码率情况。在两个灯的发光强度保持一致的基础上，调节灯光强度，使接收端光照度在 240 lux 和 480 lux 之间变化时，系统误码率性能变化趋势与单灯实验时大体一致，不过接收端光照强度不一致。这是因为，两个灯同时开启时，虽然两路信号会在接收端存在一定的串扰，但也增加了接收端的光照强度，增强了系统本身的信噪比。因此，在串扰和信噪比同时增加的情况下，系统误码率性能得到了平衡，与单灯实验几乎保持一致。在接收端光照强度大于 400 lux 时，系统可以低于硬判决纠错码门限 3.8×10^{-3}。这验证了 MISO 方案的有效性，且相比 SISO 方案可实现双倍速率传输。

由以上实验结果可以看出，传统的 4-CSK 调制的 SISO 方案在信息冗余度方面有较大的缺陷，导致系统的传输容量较低。基于卷帘快门效应的 OCC 系统通常传输速率非常有限，每一个视频帧图像中包含大量的冗余信息，即每一行的数据信息相同。因此，需要提高视频帧图像中每一行数据的多样性。而本章所采用的 MISO 方案可以有效地提高系统的传输容量，且不会带来额外的功耗。

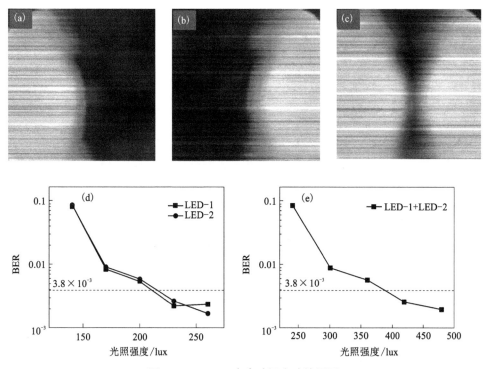

图 7-23 MISO 方案验证实验结果图

7.4 基于 8-CSK 调制的可见光相机通信

7.4.1 8-CSK 颜色空间映射

在发送端,通过二进制序列(PRBS)生成一串伪随机数据字符串。每组 3 个可以创建 8 个数据集([0,0,0],[0,0,1],[0,1,1],[0,1,0],[1,1,0],[1,1,1],[1,0,1],[1,0,0]),这 8 个数据集可用于控制两种 RGB-LED 状态。在 YCbCr 和 CIE*lab* 颜色空间中可以得到各种颜色,如图 7-24 所示。

随机选择 8 种颜色组成一组,并选择 3 个特殊的组进行进一步的研究。3 种映射方案分别如表 7-2~表 7-4 所示。

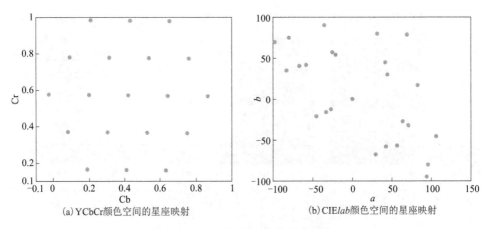

(a) YCbCr颜色空间的星座映射　　　　(b) CIE*lab*颜色空间的星座映射

图 7-24　两种颜色空间的星座映射

表 7-2　第一种映射方案

原始比特	LED1 状态	LED2 状态	生成颜色
[0, 0, 0]	[ON, OFF, OFF]	[ON, OFF, OFF]	红
[0, 0, 1]	[ON, OFF, ON]	[ON, OFF, ON]	紫
[0, 1, 1]	[OFF, ON, ON]	[OFF, ON, ON]	青
[0, 1, 0]	[OFF, OFF, ON]	[OFF, OFF, ON]	蓝
[1, 1, 0]	[ON, ON, ON]	[ON, ON, OFF]	淡黄
[1, 1, 1]	[OFF, OFF, ON]	[ON, ON, ON]	淡蓝
[1, 0, 1]	[ON, ON, OFF]	[ON, ON, OFF]	黄
[1, 0, 0]	[OFF, ON, OFF]	[OFF, ON, OFF]	绿

表 7-3　第二种映射方案

原始比特	LED1 状态	LED2 状态	生成颜色
[0, 0, 0]	[ON, OFF, OFF]	[ON, OFF, OFF]	红
[0, 0, 1]	[ON, OFF, ON]	[ON, OFF, ON]	紫
[0, 1, 1]	[ON, ON, ON]	[ON, OFF, ON]	淡紫
[0, 1, 0]	[ON, OFF, OFF]	[ON, ON, ON]	淡红
[1, 1, 0]	[OFF, ON, OFF]	[ON, ON, ON]	淡绿

续表7-3

原始比特	LED1 状态	LED2 状态	生成颜色
[1, 1, 1]	[ON, ON, ON]	[OFF, ON, ON]	淡青
[1, 0, 1]	[OFF, ON, OFF]	[OFF, ON, OFF]	绿
[1, 0, 0]	[OFF, ON, ON]	[OFF, ON, ON]	青

表7-4　第三种映射方案

起始数据	LED1 状态	LED2 状态	生成颜色
[0, 0, 0]	[ON, OFF, ON]	[ON, OFF, OFF]	深粉
[0, 0, 1]	[ON, OFF, OFF]	[ON, ON, ON]	淡红
[0, 1, 1]	[ON, ON, OFF]	[ON, ON, OFF]	黄
[0, 1, 0]	[ON, ON, ON]	[ON, OFF, ON]	淡紫
[1, 1, 0]	[ON, ON, ON]	[OFF, ON, ON]	淡青
[1, 1, 1]	[OFF, ON, ON]	[OFF, ON, OFF]	春绿
[1, 0, 1]	[OFF, ON, OFF]	[ON, ON, ON]	淡绿
[1, 0, 0]	[OFF, OFF, ON]	[OFF, OFF, ON]	蓝

这 3 种映射方案在 YCbCr/CIE*lab* 颜色空间中形成了类似 QAM 的二维星座，如图 7-25 所示。每个颜色符号被转换为一组 RGB 数据，并保存在现场可编程逻辑门阵列（field programmable gate array，FPGA）的输入输出（in-out，IO）串口上，FPGA 对应的串口上还连接了 LED 驱动电路。在此过程中，一帧提取出来的照片包含两个长度为 128CSK 符号的数据包，每帧发送两次以避免丢包现象发生。此外，为了使发送端和接收端同步频率保持一致，在发射前的序列中加入一个同步（synchronization，SYNC）信号，该信号由 7 个序列组成，结构为 [0 1 1 1 1 1 0]。如图 7-26 所示，SYNC 和帧结构都具有特殊性，便于在后期信息提取方面进行进一步的解调处理。

在接收端，将所捕获的第一个视频信息的每一帧提取为 RGB 三维矩阵。在矩阵中选取一列，定时同步如下：

$$M_{\text{pro}}(d) = \sum_{i=0}^{2} \arg\max(\boldsymbol{I}[d: d+N][i])/\text{Var}(\boldsymbol{I}[d: d+N][i]) \qquad (7\text{-}11)$$

式中：M_{pro} 表示同步度量值，$\boldsymbol{I}$ 表示图片中选取的列矩阵，$\arg\max(\cdot)$ 表示计算序列最大值的函数，而 $\text{Var}(\cdot)$ 表示计算序列方差的函数。与此同时，为了去除 SYNC 同步信息，可通过采样重构的方法达到相同频率的效果。采样点在一个符

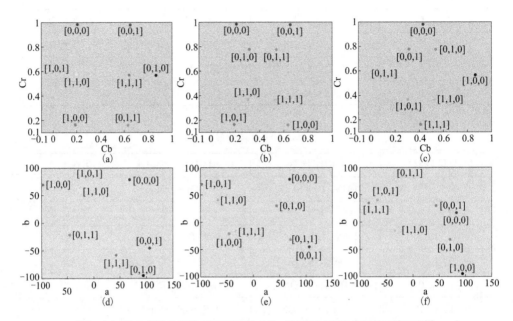

（a）~（c）YCbCr 颜色空间的二维星座图；（d）~（f）CIE*lab* 颜色空间的二维星座图。

图 7-25　三种映射方案在两类颜色空间的二维星座图

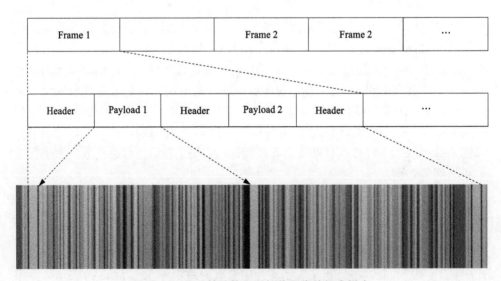

图 7-26　信号帧结构和所接收图像的相应样本

号周期的样本数为 1，以减少符号间的干扰影响。得到的 RGB 数据被转换为 YCbCr 或 CIE*lab* 数据。通过无监督学习中的聚类算法，将符号映射到 YCbCr/CIE*lab* 颜色空间中的二维星座图中，最后比较接收端与发送端的数据，从而计算出误码率。

7.4.2　双 RGB-LED 驱动电路

在可见光相机通信系统中一般使用单个 RGB-LED 作为发光源，本书为了提高数据速率，在发送端增加了一个 RGB-LED，接收端继续使用智能手机相机拍摄视频数据，因此硬件设计大部分在发射机上。如图 7-27 所示为 OCC 系统框图，发送端通过电脑将数据加载到现场可编程门阵列 FPGA 开发板中的输入输出接口上，控制上、下两个 LED 驱动电路的开关状态，进而驱动 RGB-LED 使其生成可见光发送出去。

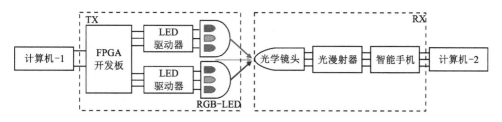

图 7-27　OCC 系统框图

整个系统的硬件设计是 RGB-LED 驱动电路。实验中 RGB-LED 会发出热量，所以需要把驱动电路与其分开，并通过杜邦线连接，使其不受发热影响，确保驱动电路的正常工作。如图 7-28 为 RGB-LED 驱动电路的单路内部电路结构，其主要由两个场效应管控制电路的开关，并在实现信号功率放大的同时降低输入端的电流。

三路信号独立且同时发送，组成完整的 RGB-LED 驱动电路，实物如图 7-29 所示。电脑发射出的信号数据存储在 FPGA 的 IO 接口上，利用杜邦线将 FPGA 与驱动电路上的端口相连，RGB-LED 的负极也通

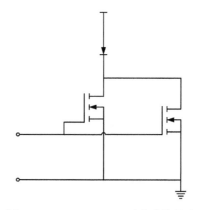

图 7-28　RGB-LED 驱动电路的单路
内部电路结构

过杜邦线与 LED 驱动电路端口相连，驱动电路上的负极和电源负极都必须连接

FPGA 上的 GND(地极)，使其产生通路，完成正常运作。

(a) 正面实物图　　　　　　　　　(b) 反面实物图

图 7-29　LED 驱动电路实物图

7.4.3　硬件系统平台

在上述 RGB-LED 驱动电路的基础上，完成整个系统的搭建，为可见光相机通信系统方面的研究提供平台。图 7-30 为 OCC 系统实物图，平台结构主要包括发送端的个人电脑(personal computer, PC)、FPGA、RGB-LED 驱动电路、RGB-LED 灯和独立电源，接收端只需要一部智能手机。发送端通过通用串行总线(universal serial bus, USB)连接器和网线将 PC 和 FPGA 相连，使用 ISE 软件中的 IMPACT 组件烧录写好的顶层 bit 文件，打开驱动电路使 RGB-LED 发出白光。运行 PC 写好的调制方案，使其改变驱动电压的大小，让 RGB-LED 一直处于开或关的状态并发送数据 0 和 1，从而实现模数之间的转变。通过自由空间，利用智能手机拍摄视频从而完成可见光信号的接收，然后将接收到的视频通过软件进行帧提取，形成一帧一帧的图片，最后通过离线处理，实现发送数据的解调。

在接收光信号之前，采样频率需要保持在 CMOS 图像传感器频率与相机拍摄频率之间，保证达到最佳采样频率才能实现更好的系统性能；在接收时，对智能手机先要调到专业拍摄模式，然后进行参数设置，如感光度、快门速度、曝光时间、帧率等。通过反复实验得到，曝光时间短、照片像素分辨率大和光感度强会大大提高照片的质量，从而使解调变得方便，与原始数据更加靠近，因而可获得更好的系统性能。

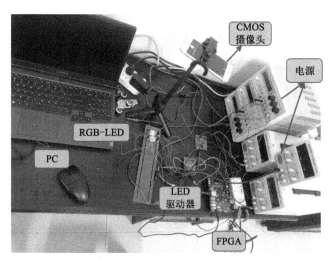

图 7-30　OCC 系统实物图

图 7-31 所示为双 RGB-LED 系统流程和实验装置。在进行符号调制之前,首先在发射机端生成一个 PRBS,实现数据的串并联转换。然后,利用所提出的方案进行 YCbCr/CIE*lab* 映射,将符号映射为二维彩色信号。为了避免 CMOS 传感器出现盲区,将这些数据发送两次。之后应用 RGB 分离将数据分成三个通道驱动 RGB-LED,并在帧前端增加同步时钟。最后,将有效载荷数据与时钟结合作为传输数据,并通过 PC 接口将数据加载到 FPGA 板上。由于 FPGA 的输出电压不足以满足 LED 的阈值,所以采用 LED 电路驱动 RGB-LED。接下来,在 LED 上直接调制数据。利用两个光源的散射效应,在重叠区域放置一个 CMOS 传感器,以捕获来自两个 RGB-LED 的信息。

实验中发送端与接收端之间的距离为 60 cm。通过调节 RGB-LED 的电压供应,使光线平衡为白色。由于两个 RGB-LED 和 LED 驱动器的组件相同,所以可以将电压设置为相同的值。通过改变电源电压实现不同的光强,并对系统性能进行分析。将捕获的视频提取到软件中获取一帧一帧的图片,在列选择和同步之后,对单个符号进行平均。然后,利用 YCbCr/CIE*lab* 解映射将 RGB 三通道数据聚类转化为二维颜色空间。比特数据通过并行-串行转换恢复,用于误码率分析。实验参数设置如表 7-5 所示。

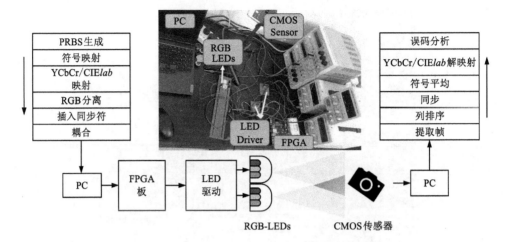

图 7-31　双 RGB-LED 系统流程和实验装置示意图

表 7-5　实验参数设置

参数	范围值
FPGA 时钟	50 MHz
RAM 长度	8 bit
感光度(ISO)	1600
驱动电压(R/G/B)	6~7 V/9~11 V/9~11 V
帧率	30 fps
分辨率	2048×1536

7.4.4　传输性能分析

7.4.4.1　YCbCr 颜色空间的传输性能

对 YCbCr 颜色空间提出的 3 种映射方案在不同光照强度下进行对比,实验结果如图 7-32 所示。图 7-32(a)~图 7-32(c)为光照强度为 660 lux 时在 YCbCr 色彩空间接收到的星座图。可以看出,YCbCr 色彩空间中采用方案一的二维星座的欧氏距离较大。欧氏距离公式如:

$$d(x, y) = \sqrt{\sum_{i=1}^{n} (x_i - y_i)^2} \tag{7-12}$$

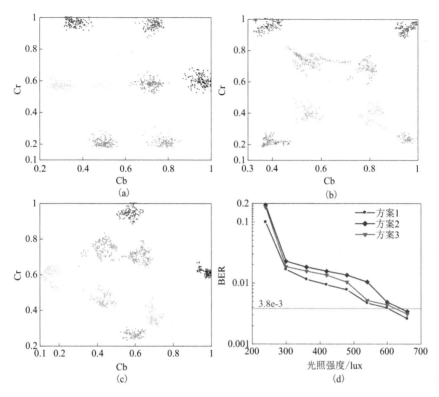

（a）～（c）方案一～方案三在 YCbCr 颜色空间下的星座图；（d）三种映射方案的误码率图。

图 7-32 三种方案在 YCbCr 颜色空间的实验结果

可以计算出方案二和方案三的欧氏距离小于方案一。此外，这些映射方案的误码率性能随光照强度的变化如图 7-32(d) 所示。结果表明，所有系统的误码率都随光照强度的增加而提高。即使在 660 lux 的低光照强度下，这些方案的误码率也低于 3.8×10^{-3}。其中方案一由于二维映射星座的欧几里得距离较大，误码率性能最好。特别是在 300～600 lux 光照强度范围内，方案一的性能优于其他方案，可以在低光照强度环境下实现有效的能映射。

图 7-33 为 R、G、B 3 个通道在一帧图片下的同步度量值。如图所示，在 R、G、B 3 个通道进行信号与时序同步时，可清晰地看出图中有两个峰值，两个峰值的距离与图片中一帧的长度完全相同；并且通过公式(7-11)也能得出第一个峰值就是一帧开始的位置，第二个峰值就是一帧结束的位置，从而准确找到一帧的结构信息，也证实了该时序同步算法的有效性。

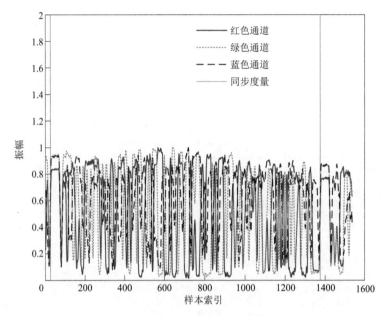

图 7-33   同步度量值和 RGB 分离通道中的信号

(扫描目录页二维码查看彩图)

7.4.4.2   YCbCr 与 CIE*lab* 颜色空间比较

通过对三种映射方案在 YCbCr 颜色空间的研究，得出方案一的系统性能最好，将方案一在 YCbCr 和 CIE*lab* 颜色空间中进行比较，验证所提出的映射方案的鲁棒性和灵活性。图 7-34(a)、图 7-34(b) 分别为 660 lux 光照强度下 YCbCr 和 CIE*lab* 颜色空间中方案一的星座图。结果表明，两种颜色空间中方案一的映射都具有较大的欧氏距离，而分布在 YCbCr 颜色空间中的星座点更容易分离出来进行脱映。

对比 YCbCr、CIE*lab*、RGB 颜色空间下的系统性能，如图 7-34(c) 所示。在 YCbCr 和 CIE*lab* 中提出的二维映射方案都比三维 RGB 颜色空间具有更好的误码率性能。对于 RGB 颜色空间，误码率随着光照强度的提高而降低，但由于光照强度的限制，误码率趋于稳定。得益于方案一在 YCbCr 和 CIE*lab* 颜色空间中的二维映射，即使在非常低的光照强度下，误码性能也可以增强。此外，YCbCr 颜色空间中方案一保持 7% 前向纠错(forward error correction, FEC) 的光照强度要求低于其他方案。其中，在 660 lux 光照强度下，方案一的 q 因子比 RGB 色彩空间的 q 因子提高了 1.46 dB。

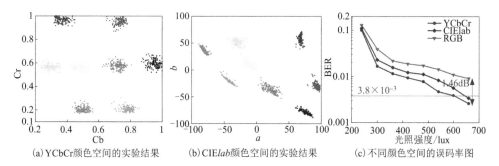

(a) YCbCr颜色空间的实验结果　　(b) CIE*lab*颜色空间的实验结果　　(c) 不同颜色空间的误码率图

图 7-34　映射方案一在颜色空间的实验结果

（扫描目录页二维码查看彩图）

以上实验结果表明，使用 YCbCr 颜色空间进行映射，双 RGB-LED 作为发射机可大幅度提高系统的传输速率。在提出的三种映射方案中，方案一的欧氏距离最大，在二维星座辅助下的性能最好；在 3 种常见的颜色空间中，YCbCr 颜色空间在二维星座下对颜色具有预增强的效果。

第 8 章 可见光通信辅助的室内定位

8.1 室内可见光定位原理

伴随着万物互联和可见光通信技术的高速发展，基于位置服务（location-based service，LBS）的应用越来越广泛，各行业对人员和设备的跟踪定位需求越来越大。近年来，LBS 相关技术和产业的发展主要在室内，提供无处不在的室内定位服务。目前，全球定位系统（global positioning system，GPS）是应用最广泛的位置传感技术。然而，基于卫星的 GPS 信号需要视线（line of sight，LOS）才能正常工作，这在建筑物内部是无法实现的。此外，WiFi、蓝牙、射频识别（radio frequency identication，RFID）等传统的室内定位技术对电磁干扰非常敏感[95]。

可见光通信辅助的室内定位是基于可见光通信技术，将光源位置信息调制编码后加载到 LED 上，通过光信道进行传输，并在接收端对其进行恢复，最后通过相关的定位算法实现定位[96]。可见光通信辅助的室内定位通常简称为室内可见光定位，其具有精度高、安全、与现有照明结构兼容的特点，以及成本低、节能等优势，因此广泛应用于室内定位系统中。室内可见光定位系统结构与可见光通信系统类似，如图 8-1 所示，主要包括发送端、接收端和可见光信道。

室内可见光定位系统的发送端不一定需要调制信号，只需要发送端有驱动电路驱动 LED 正常发光即可，接收端随后计算 PD 与 LED 的相对距离，从而达到定位效果。因此，与 VLC 系统模型不同的是，调制解调过程并不一定要在所有室内可见光定位系统模型中应用。发送端的任务是将位置信息通过具有驱动电路的 LED 发射出来，经过可见光信道传输，含有位置信息的可见光被接收端 PD 所接收。PD 将光信号快速处理成电信号的幅度和相位，通过测距手段和定位算法，计算出发送端的实时位置信息。

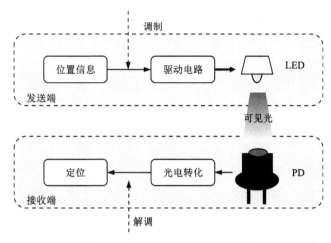

图 8-1 室内可见光定位系统结构

8.2 室内可见光定位方法

目前室内可见光定位方法主要分为两类,一类是测距定位法,如 TOA、TDOA 等,系统通过信号强度测量设备等获取发送端与接收端的估计距离,然后通过三边定位法、最大似然估计法等获得当前位置。该类方法误差较低,但其位置估计非常依赖于所获取的几何参量的准确性,因而对硬件要求比较高,例如,能精确测出距离或角度的接收设备,在日常生活中较难实现。另一类是非测距定位法,如标签定位法、位置指纹法等,该类方法利用信号源发送其自身的位置信息到接收端,接收端在获取不同信号源的位置信息后进行处理,然后估计出接收端的实时位置,该类方法不需要测距,因此对硬件要求较低,复杂度较低,但是定位误差也相应增加。除了这两类主要方法外,还有基于角度的 AOA 算法、基于图像传感器成像的定位方法,后面这两种方法测量精度高、误差较低,但是对测量设备的要求过高,配备这些设备的代价高昂,故在大多数应用场景中不适用,目前在实验室场景使用较多。

8.2.1 TOA 定位算法

到达时间法(time of arrival, TOA)是通过光信号在收发端之间的传播时间来进行距离测量[97]。如图 8-2 所示,设三个光源 A、B、C 在接收端所在平面的坐标分别为(x_1, y_1)、(x_2, y_2)、(x_3, y_3),接收端的待测坐标为(x, y),以收发端之间的距离为半径,以三个光源为圆心分别作圆,则可以通过三个圆的交点来确定接收端的位置。

因此，系统通过测量光源发出信号到达接收端的时间（记为 t_1, t_2, t_3），就可以得到收发端之间的距离 $d_k = c \cdot t_k$，其中 c 为光速。对于 $k =$ 1, 2, 3，可获得方程组：

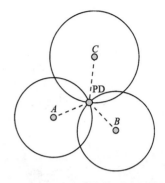

$$\begin{cases} (x_1-x)^2+(y_1-y)^2=d_1^2 \\ (x_2-x)^2+(y_2-y)^2=d_2^2 \\ (x_3-x)^2+(y_3-y)^2=d_3^2 \end{cases} \quad (8-1)$$

图 8-2　可见光定位系统结构

理想状况下，方程组的解就是接收端坐标。但是在实际场景中，真实测距往往因为信号衰减等，小于实际距离，3 个圆很可能不存在交点。因此常常采用最小二乘估计法来求解方程。

TOA 算法的关键在于测量收发端之间的距离，因此对于测量光源发出信号到达接收端的时间要求很高，需要收发双方时钟严格同步，由于光信号传播速度很快，很小的时间测量误差就可能导致较大的定位误差，对于单链路可见光定位系统，无疑需要增加很大的成本来实现，因而在实际场景中应用有限。

8.2.2　TDOA 定位算法

到达时间差法（time difference of arrival，TDOA）是在 TOA 算法的基础上进行改进的。该算法通过测量不同光源信号到达接收端的传播时间差，获得不同光源与接收端之间的距离差，通过双曲线的几何规律获得接收端的坐标[98]。

假设 A、B、C 3 个光源于 t_0 时刻同时发送光信号，分别经过 t_1、t_2、t_3 时间到达接收端，d_{12}、d_{13}、d_{23} 分别为 3 个光源收发端之间的距离差。任意两个光源可以根据其到接收端的距离差确定一组双曲线，光源即为双曲线的焦点。因此，3 个光源之间只要确定两组双曲线，两组双曲线的交点即为接收端的位置，此时利用双曲线的规律即可求得交点坐标：

$$\begin{cases} \sqrt{(x_2-x)^2+(y_2-y)^2}-\sqrt{(x_1-x)^2+(y_1-y)^2}=d_{12} \\ \sqrt{(x_3-x)^2+(y_3-y)^2}-\sqrt{(x_1-x)^2+(y_1-y)^2}=d_{13} \end{cases} \quad (8-2)$$

TDOA 算法可避免直接求取信号的绝对传播时间，只要求发送光源使用同一时钟，对收发端之间的时间同步没有高要求，使硬件成本得以降低。

8.2.3　RSS 定位算法

信号在传输过程中，其能量会逐渐衰减，通过建立信号衰减模型，确定信号衰减与传输距离的关系，就可以估计信号发送端与信号接收端之间的距离[99]。

因此该法的关键在于获得光信号能量衰减模型。

本书介绍了可见光通信系统的信道模型与 LED 的辐射模式，因此可以通过式(8-3)求得可见光收发端功率与距离之间的关系：

$$d=\sqrt{\frac{(m+1)A_r}{2\pi}\cos^m(\varphi)\cos(\psi)T_s(\psi)g(\psi)\frac{P_t}{P_r}} \tag{8-3}$$

在应用场景中，如果知道多个光源与接收端之间的距离，就能通过三边定位法或最大似然法等获得接收端位置。

8.3 基于级联残差神经网络的室内可见光定位

神经网络允许系统从数据库中自行设计模型，从而降低了模型设计的难度。然而，现有的机器学习辅助 RSS-VLP 方案也存在一定的局限性。神经网络不能解决 RSS 鲁棒性不足的问题，当实际模型发生变化时，神经网络可能会变得不准确，称为模型抖动。传统的神经网络在模型抖动时对带偏差的数据库非常敏感，且在实际情况下，噪声光、温度波动或功率抖动同时存在时，模型抖动现象经常发生。在基于机器学习的带有模型抖动的 RSS-VLP 系统中，为了获得准确的机器学习模型，需要大量的训练样本，同时模型需要随时更新[100-102]。因此，在实际 VLP 系统中，需要一种既能适应快速变化的参数又能保持低训练复杂度的新方案。

8.3.1 神经网络辅助 RSS 定位

图 8-3 所示为室内可见光定位模型。LED1、LED2 和 LED3 分别安装在顶部固定位置。用这 3 个 LED 作为系统模型的发送端，且 3 个 LED 都具有特定的 ID 位置信息，以便接收端能够轻松识别。将 PD 放在待测位置点，PD 的位置坐标就是通过方法计算出来的结果。光源位置需要保证待定位目标接收到 3 个 LED 所发出的全部可见光信号。在进行接收定位时，待测定位目标可随意移动。

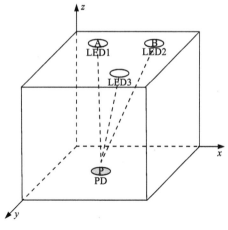

图 8-3 室内可见光定位模型图

不同 LED 光源中的 RSS 与对应位置坐标组合的多维向量，所形成的数据集就是神经网络单元的输入，其输出由 LED 灯的个数决定，并且在隐藏层中有多个节点相连。神经网络辅助 RSS 定位系统结构如图 8-4 所示。发射部分与室内可见光定位模型类似，不同的是神经网络定位模型具有数据采集训练和定位测试两部分。在数据采集训练时，将定位区域等比例划分为若干个小区域，采集若干个小区域中心点位置坐标上接收到的光照强度数据，将其作为神经网络训练部分的数据集，把训练得到的数据作为输入向量，然后进行测试和预测。在定位测试阶段，将通过训练预测得到的接收端所在位置坐标与 LED 灯位置坐标的空间向量，用于待测目标的粗算位置定位，然后通过空间欧氏距离和神经网络约束条件，逐步推算出待测目标的准确位置。

图 8-5 所示为神经网络与 RSS 模型训练流程。从导入 RSS 数据集开始，将坐标位置数据和光照强度数据处理成四维输入向量，经过神经网络模型训练，得到训练后的模型，然后测试训练模型，最后得到输出的三维向量。

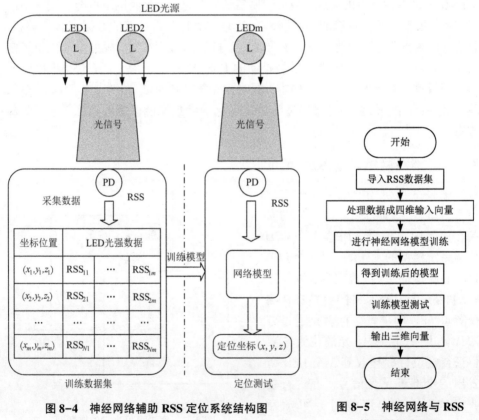

图 8-4 神经网络辅助 RSS 定位系统结构图

图 8-5 神经网络与 RSS 模型训练流程图

8.3.2　残差神经网络

残差神经网络(ResNet)是在 CNN 的基础上改进的一种神经网络技术。随着网络层数的增加,CNN 会出现梯度爆炸和梯度消失的现象,此时的网络训练起来相对困难,而 ResNet 的提出基本上解决了此类问题,使得深层次的神经网络训练起来比较容易且效果更好。图 8-6 所示为残差块原理。图中 x 表示输入,$F(x)$ 表示经过第一个权重层后的输出,即:

$$F(x) = W_2\sigma(W_1 x) \tag{8-4}$$

式中:W_1 和 W_2 分别表示第一层和第二层的权重参数,σ 表示 ReLU 激活函数,残差块的输出是

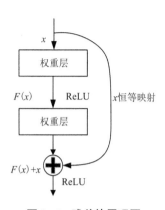

图 8-6　残差块原理图

$$\sigma[F(x)+x] \tag{8-5}$$

具体的残差网络实现过程如下:给定上一层的输出为 $X = \{x_1, x_2, \cdots, x_n\}$,需要学习的参数为 β 和 γ。残差网络的输出为 $Y = \{y_1, y_2, \cdots, y_n\}$。

$$\mu_X = \frac{1}{n}\sum_{i=1}^{n} x_i \tag{8-6}$$

$$\sigma_X^2 = \frac{1}{n}\sum_{i=1}^{n}(x_i - \mu_X)^2 \tag{8-7}$$

$$\hat{x}_i = \frac{x_i - \mu_X}{\sqrt{\sigma_X^2 + \varepsilon}} \tag{8-8}$$

$$y_i = \beta\hat{x}_i + \gamma \tag{8-9}$$

由于残差网络都是由相同的残差块组成的,所以根据公式(8-5)可以得到第二个残差块的输入,如式(8-10)所示,进而可以得到最后一个残差块的输出,如式(8-10)所示。

$$\begin{cases} x_{i+2} = \sigma[F(x_{i+1})+x_i] = \sigma F(x_1) + \sigma F(x_{i+1}) + \sigma x_i \\ x_n = \sigma x_i + \sigma \sum_{k=i}^{n-1} F(x_k) \end{cases} \tag{8-10}$$

式中:x_n 表示第 n 个残差网络的输出。任意一个残差块的输出都能通过式(8-10)计算得到。

各残差块单元的梯度为:

$$\frac{\partial \varepsilon}{\partial x_i} = \frac{\partial \varepsilon}{\partial x_n}\frac{\partial x_n}{\partial x_i} = \frac{\partial \varepsilon}{\partial x_n}\left(1 + \frac{\partial}{\partial x_i}\sum_{k=i}^{n-1} F(x_k)\right) \tag{8-11}$$

式中：ε 表示残差网络的误差；x_n 表示残差网络最后一个残差块的输出。每个残差块最后一个卷积层的梯度为 $\dfrac{\partial \varepsilon}{\partial x_i}$，其由两部分组成：一部分通过最后一层的梯度信息直接得到；另一部分通过整个网络结构层层传递得到。

将 RSS 数据集输入 ResNet 时，可以根据上述公式计算出最后一个残差块的输出，然后对其进行池化和分类处理，最后通过设置的损失函数计算出真实值与测试值的误差，由损失误差反向传播调整权值参数。ResNet 中的每个残差块都包含了一个"直接连接"，即输出直接加到输入中，保留了原始定位数据的初始信息，结合更多初始数据的特征，更有利于通过残差网络得到准确的定位结果。

8.3.3　级联残差神经网络

神经网络定位分为两个阶段，即训练阶段和定位阶段。这两个阶段均使用来自 RSS 数据库的独立数据库，这意味着每个测试坐标不能同时放入两个数据库中，以防止神经网络过拟合。在训练过程中，神经网络通过反向传播模型来优化层的权重。假设损失下降到所需的精度（在实验中精度设置为 1 cm）且不再随迭代的增加而显著减少时，通常需要大约 20000 次迭代才能得到足够的训练。通过这种操作，可以得到一个经过训练的神经网络，用其作为映射器，再将新的 RSS 输入该神经网络就可以获得计算出的二维坐标。

通过机器学习中的集成学习思想，结合多个优良且层数不同的学习模型可以得到更好的系统性能，由于学习模型中重复部分有点多，因此引入最近比较流行的 CRNN，再通过级联整合，增强了可见光定位系统的鲁棒性。图 8-7 为级联残差神经网络结构图。该算法结构可分为三个阶段：第一阶段是基础神经网络的训练，即使用从正常环境中收集的数据库完成一个基础神经网络的训练；第二阶段是多个残差神经网络的迭代和级联。将模型抖动下采集到的 RSS 输入基础神经网络，显然会得到有较大偏差的坐标，这是因为实际模型发生了很大偏移。通过提取这些残差组成一个新的数据库来训练单个残差神经网络，得到拟合 RSS 和残差之间的映射。由于在实验中发现单个残差神经网络精度较低，对上述过程进行多次迭代，训练出多个残差神经网络然后级联起来。基础神经网络的定位结果可以结合残差值得到更加精确的误差补偿偏差。最后一个阶段是定位，即将输入与基础神经网络和级联残差神经网络使用的数据库分离，并进一步结合它们的输出来补偿基础神经网络的损失定位结果。

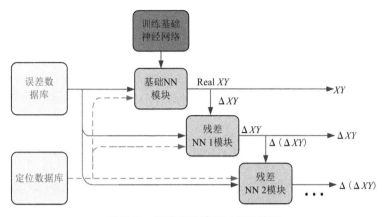

图 8-7　级联残差神经网络结构图

8.4　室内可见光定位实验系统

8.4.1　室内 LED 布局

在实际应用中，VLP 系统将定位区域划分为多个由 LED 组成的相互连接的定位单元，因为单个 LED 的辐射范围通常非常有限，如图 8-8 所示。一般来说，粗略定位是确定终端所在的单元，RSS 和 TOA 适合不要求高精度的 VLP 技术，而在单个单元中精确定位需要更好的方案来解决。

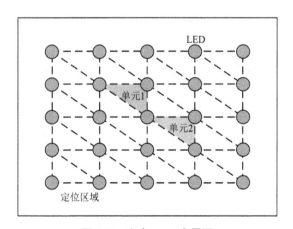

图 8-8　室内 LED 布置图

RSS-VLP 系统模型如图 8-9 所示。3 个 LED 灯各自携带一个支流偏置电压

(DC bias)标识信号并以相同的调制格式传输，因此发射出的光信号具有不同的频率。接收端由 PD 来检测识别 3 个 LED 的信息，并通过 3 个具有相应中心频率的带通滤波器(band-pass filter, BPF)分离信息，随后，在 RSS 的基础上计算出所有信息。将 PD 放置在测试区域内选定的多个测试点上，并进行多次采样从而获得离线定位算法所需的 RSS 数据库。

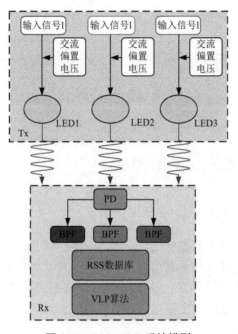

图 8-9　RSS-VLP 系统模型

8.4.2　硬件系统结构

　　为了验证 CRNN 的性能，增强 VLP 的鲁棒性，搭建了一个基于 RSS 算法的 VLP 系统平台，如图 8-10 所示。图 8-10(a)为 VLP 系统实验流程图，图 8-10(b)为 VLP 系统实验测试定位区域图。图 8-10(a)中，在发送端产生 3 个伪随机二进制序列，通过信号调制将其转换为 3 个 OOK 信号，信号载波频率分别为 40 kHz、70 kHz 和 100 kHz。然后由两个任意波长发生器(arbitary waveform generator, AWG)产生信号，发生器型号为 Tektronix AFG3011C，并将产生的信号与 LED 驱动源结合驱动 LED。这些 LED 形成一个三角形，边长约 1 m，放置在距离地面 2 m 的高度，值得注意的是，这样的设置是为了使每个 LED 的照明范围覆盖整个定位区域。在接收端，将一个光电二极管(型号为 Thorlabs PDA100A2)水平放置在选定的参考点上，将光信号转换为电信号。将二极管连接到数字存储示波器(digital storage oscilloscope，DSO，型号为 MSO72004C)，用于数字信号处理(digital signal processing，DSP)的采样速率为 25 MSa/s。信号通过带通滤波器后实施 RSS 计算，从而得到用于定位的数据库。实验过程将在第 4 个 LED 的不同环境光强度的 5 个测试环境中重复进行，从而得到 5 个不同的数据库。其中一个用于训练基本的神经网络，而其余的被视为带偏差的数据库。为了避免自然光的噪声影响，实验在黑暗条件下进行，只保留实验用的 LED。通过将第 4 个 LED 的驱动功率按 3 W 的步长从 10 W 调整到 22 W，构建了 5 个不同的测试环境。在采集正常数据库时，选取了 160 个均匀分布在定位区域的参考点，如图 8-10(b)中黑点所示，每个参考点选取 40 个样本。

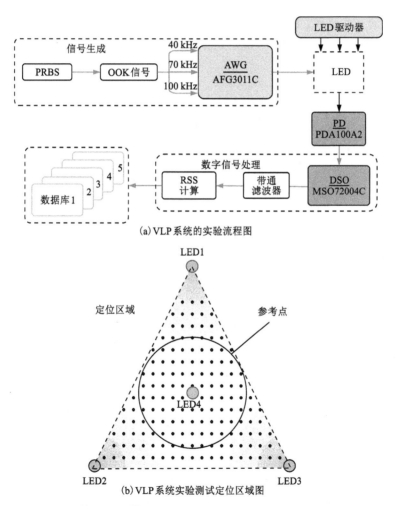

(a)VLP 系统的实验流程图

(b)VLP 系统实验测试定位区域图

图 8-10　基于 RSS 算法的 VLP 系统实验流程图和测试定位区域图

对于 4 个带偏差的数据库，为了保证整个数据库的大小为 160×40，在每个测试环境中只采集 8 个样本。随后，将用于比较的定位方案分为 4 组：①具有正常数据库的基础神经网络；②数据库带偏差的基础神经网络；③数据库不一致的 2 级 CRNN；④数据库带偏差的 3 级 CRNN。CRNN 的阶数表示它们级联的残差神经网络的数量。

8.4.3 结果分析

图 8-11 显示了基础神经网络、2 级和 3 级 CRNN 训练的减损过程，其中基础神经网络使用大小为 160×40 的正常数据库，后两者使用大小为 160×40 的带偏差的数据库组合而成的数据库，并且设置当损耗下降到 1 cm 以下时停止训练。从结果来看，基础 NN 在 15000 次左右迭代后完成训练，而 2 级和 3 级 CRNN 大约分别需要 25000 次和 50000 次迭代，可以看出 3 级 CRNN 有较大的复杂度。

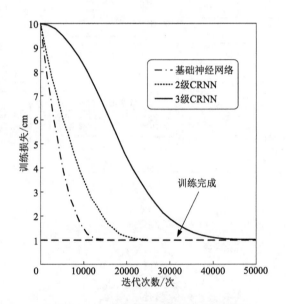

图 8-11 三种方案的迭代训练损失图

图 8-12 为四组实验定位结果图。图 8-12(a)所示为第一组实验结果，由均方根误差(root mean square error, RMSE)计算的定位精度为 1.14 cm。可以注意到，表示预测点的红点几乎都靠近表示参考点的蓝点。结果表明，在无模型抖动的情况下，基础神经网络具有良好的性能。而在第二组实验中，由于定位数据库与基础神经网络学习的模型存在差异，定位精度明显下降至 8.31 cm，如图 8-12(b)所示。不同模型下的数据库使得基础神经网络计算结果偏差较大，红点分

布在定位区域。图 8-12(c)所示为第三组实验结果，图 8-12(d)所示为第四组实验结果。值得注意的是，在 CRNN 的帮助下，定位结果有了明显的改善，两种情况的 RMSE 分别为 2.04 cm 和 1.56 cm。对于 3 级 CRNN，大部分定位点与参考点重合，而对于 2 级 CRNN，部分定位点远离参考点。结合迭代过程和定位精度可以看出，与基础 NN 相比，更高阶的 CRNN(3 级 CRNN)虽然有着最好的定位精度，但其带来的复杂度开销也是巨大的，而较低阶的 CRNN(2 级 CRNN)在定位精度和复杂度之间相对平衡，以较小的复杂度开销，实现了更高的定位精度。

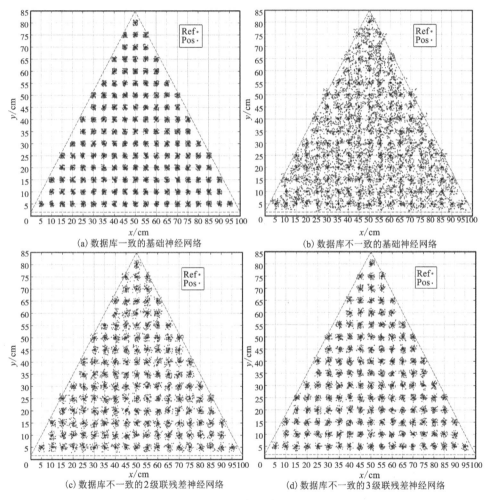

图 8-12　定位结果图

(扫描目录页二维码查看彩图)

图 8-13 所示为 4 组定位实验的累积分布函数(cumulative distribution function, CDF)。由图 8-13 可以观察到定位结果的误差分布,在没有 CRNN 的情况下,约 15%的样本误差大于 4 cm。在 3 级 CRNN 的帮助下,超过 70%的样本定位误差在 1 cm 以下,而在 2 级 CRNN 的帮助下,有一半的样本定位误差在 1~2 cm。由此可以得出结论,在模型变化时,基于传统机器学习的神经网络 VLP 系统无法达到定位效果,加入 CRNN 机器学习方法可以减轻神经网络的破坏。然而需要注意的是,虽然级联更多的残差神经网络似乎会带来更高的精度,但也会带来更多复杂性问题。在实践中,选择一个性价比高的模型,如 2 级 CRNN 可能更有价值。

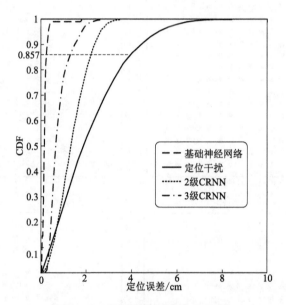

图 8-13　四组定位实验的 CDF 图

参考文献

[1]　MATHEUS L E M, VIEIRA A B, VIEIRA L F M, et al. Visible light communication: concepts, applications and challenges[J]. IEEE Communications Surveys & Tutorials, 2019, 21(4): 3204-3237.

[2]　CHI N, ZHOU Y J, WEI Y R, et al. Visible light communication in 6G: advances, challenges, and prospects [J]. IEEE Vehicular Technology Magazine, 2020, 15 (4): 93-102.

[3]　GFELLER F R, BAPST U. Wireless in-house data communication via diffuse infrared radiation [J]. Proceedings of the IEEE, 1979, 67(11): 1474-1486.

[4]　PANG G, HO K L, KWAN T, et al. Visible light communication for audio systems[J]. IEEE Transactions on Consumer Electronics, 1999, 45(4): 1112-1118.

[5]　TANAKA Y, HARUYAMA S, NAKAGAWA M. Wireless optical transmissions with white colored LED for wireless home links [C]//11th IEEE International Symposium on Personal Indoor and Mobile Radio Communications. PIMRC 2000. Proceedings (Cat. No. 00TH8525). London, UK. IEEE.

[6]　RAJAGOPAL S, ROBERTS R, LIM S K. IEEE 802. 15. 7 visible light communication: modulation schemes and dimming support[J]. IEEE Communications Magazine, 2012, 50 (3): 72-82.

[7]　HAAS H, YIN L, WANG Y L, et al. What is LiFi? [J]. Journal of Lightwave Technology, 2016, 34(6): 1533-1544.

[8]　UYSAL M, MIRAMIRKHANI F, NARMANLIOGLU O, et al. IEEE 802. 15. 7r1 reference channel models for visible light communications [J]. IEEE Communications Magazine, 2017, 55(1): 212-217.

[9]　WANG Y, CHI N, WANG Y, et al. High-speed quasi-balanced detection OFDM in visible light communication[J]. Opt Express, 2013, 21(23): 27558-27564.

[10]　AFGANI M Z, HAAS H, ELGALA H, et al. Visible light communication using OFDM[C]// 2nd International Conference on Testbeds and Research Infrastructures for the Development of Networks and Communities, 2006. TRIDENTCOM 2006. March 1 - 3, 2006. Barcelona. IEEE, 2006.

［11］ VUCIC J, KOTTKE C, NERRETER S, et al. 513 Mbit/s visible light communications link based on DMT-modulation of a white LED［J］. Journal of Lightwave Technology, 2010, 28 (24): 3512-3518.

［12］ VUČIĆ J, KOTTKE C, HABEL K, et al. 803 Mbit/s Visible Light WDM Link based on DMT Modulation of a Single RGB LED Luminary ［C］//Optical Fiber Communication Conference/National Fiber Optic Engineers Conference 2011. Los Angeles, California. Washington, D. C. : OSA, 2011.

［13］ ELGALA H, MESLEH R, HAAS H. Indoor broadcasting via white LEDs and OFDM［J］. IEEE Transactions on Consumer Electronics, 2009, 55(3): 1127-1134.

［14］ CHEN C, ZHONG W D, WU D H. Indoor OFDM visible light communications employing adaptive digital pre-frequency domain equalization［C］//Conference on Lasers and Electro-Optics. San Jose, California. Washington, D. C. : OSA, 2016.

［15］ MIYAZAWA K, KIMURA T, MURAGUCHI M. Proposal of visible light OFDM system with CAZAC equalization ［C］//2017 23rd Asia - Pacific Conference on Communications (APCC). December 11-13, 2017. Perth, WA. IEEE, 2017.

［16］ ABDULKAFI A A, ALIAS M Y, HUSSEIN Y S, et al. PAPR reduction of DC biased optical OFDM using combined clipping and PTS techniques ［C］//2017 IEEE 13th Malaysia International Conference on Communications (MICC). November 28 - 30, 2017. Johor Bahru. IEEE, 2017.

［17］ SHI M, WANG F M, ZHANG M J, et al. PAPR reduction of 2.0 Gbit/s DFT-S OFDM modulated visible light communication system based on interleaved sub-banding technique［C］// 2017 IEEE International Conference on Communications Workshops (ICC Workshops). May 21-25, 2017. Paris, France. IEEE, 2017.

［18］ HONG Y, XU J, CHEN L K. Experimental investigation of multi-band OCT precoding for OFDM-based visible light communications［J］. Optics Express, 2017, 25(11): 12908.

［19］ CHVOJKA P, WERFLI K, ZVANOVEC S, et al. On the m-CAP performance with different pulse shaping filters parameters for visible light communications［J］. IEEE Photonics Journal, 2017, 9(5): 1-12.

［20］ ANTHONY HAIGH P, DARWAZEH I. Visible light communications: fast - orthogonal frequency division multiplexing in highly bandlimited conditions ［C］//2017 IEEE/CIC International Conference on Communications in China (ICCC Workshops). October 22-24, 2017. Qingdao. IEEE, 2017.

［21］ DENG R, HE J, HONG Y, et al. 2.38 Kbits/frame WDM transmission over a CVLC system with sampling reconstruction for SFO mitigation［J］. Opt Express, 2017, 25(24): 30575-30581.

［22］ HU Q Q, JIN X Q, XU Z Y. Compensation of sampling frequency offset with digital interpolation for OFDM-based visible light communication systems［J］. Journal of Lightwave Technology, 2018, 36(23): 5488-5497.

［23］ HU Q, JIN X, LIU W, et al. Comparison of interpolation – based sampling frequency offset compensation schemes for practical OFDM – VLC systems［J］. Opt Express, 2020, 28 (2)：2337-2348.

［24］ MESLEH R Y, HAAS H, SINANOVIC S, et al. Spatial modulation［J］. IEEE Transactions on Vehicular Technology, 2008, 57(4)：2228-2241.

［25］ ABU – ALHIGA R, HAAS H. Subcarrier – index modulation OFDM［C］//2009 IEEE 20th International Symposium on Personal, Indoor and Mobile Radio Communications. September 13-16, 2009. Toyko, Japan. IEEE, 2009.

［26］ TSONEV D, SINANOVIC S, HAAS H. Enhanced subcarrier index modulation (SIM) OFDM ［C］//2011 IEEE GLOBECOM Workshops (GC Wkshps). December 5-9, 2011. Houston, TX, USA. IEEE, 2011.

［27］ BASAR E, AYGOLU U, PANAYIRCI E, et al. Orthogonal frequency division multiplexing with index modulation［J］. IEEE Transactions on Signal Processing, 2013, 61(22)：5536-5549.

［28］ CRAWFORD J, KO Y. Low complexity greedy detection method with generalized multicarrier index keying OFDM［C］//2015 IEEE 26th Annual International Symposium on Personal, Indoor, and Mobile Radio Communications (PIMRC). August 30-September 2, 2015. Hong Kong, China. IEEE, 2015.

［29］ ZHENG B X, CHEN F J, WEN M W, et al. Low-complexity ML detector and performance analysis for OFDM with In – phase/quadrature index modulation ［J］. IEEE Communications Letters, 2015, 19(11)：1893-1896.

［30］ HU Z, CHEN F J, WEN M W, et al. Low – complexity LLR calculation for OFDM with index modulation［J］. IEEE Wireless Communications Letters, 2018, 7(4)：618-621.

［31］ NAKAO M Y, SUGIURA S. Spectrally efficient frequency division multiplexing with index –modulated non – orthogonal subcarriers［J］. IEEE Wireless Communications Letters, 2019, 8(1)：233-236.

［32］ KIM J, RO H, PARK H. Deep learning – based detector for dual mode OFDM with index modulation［J］. IEEE Wireless Communications Letters, 2021, 10(7)：1562-1566.

［33］ FAN R, YU Y J, GUAN Y L. Improved orthogonal frequency division multiplexing with generalised index modulation［J］. IET Communications, 2016, 10(8)：969-974.

［34］ MAO T Q, WANG Z C, WANG Q, et al. Dual – mode index modulation aided OFDM ［J］. IEEE Access, 2017, 5：50-60.

［35］ MAO T Q, WANG Q, WANG Z C. Generalized dual-mode index modulation aided OFDM ［J］. IEEE Communications Letters, 2017, 21(4)：761-764.

［36］ WEN M W, BASAR E, LI Q, et al. Multiple-mode orthogonal frequency division multiplexing with index modulation［J］. IEEE Transactions on Communications, 2017, 65(9)：3892-3906.

［37］ WEN M W, LI Q, BASAR E, et al. A generalization of multiple – mode OFDM with index modulation［C］//2018 IEEE 23rd International Conference on Digital Signal Processing (DSP). November 19-21, 2018. Shanghai, China. IEEE, 2018.

[38] BASAR E, PANAYIRCI E. Optical OFDM with index modulation for visible light communications[C]//2015 4th International Workshop on Optical Wireless Communications (IWOW). September 7-8, 2015. Istanbul, Turkey. IEEE, 2015.

[39] ALAMIR A, ESMAIEL H, HUSSEIN H S. Optical MIMO-TDS-OFDM with generalized LED index modulation [C]//2018 International Conference on Computing, Electronics & Communications Engineering (iCCECE). August 16 - 17, 2018. Southend, United Kingdom. IEEE, 2018.

[40] MAO T Q, JIANG R, BAI R W. Optical dual-mode index modulation aided OFDM for visible light communications[J]. Optics Communications, 2017, 391: 37-41.

[41] ÇOLAK S A, ACAR Y, BASAR E. Adaptive dual-mode OFDM with index modulation [J]. Physical Communication, 2018, 30: 15-25.

[42] REN B A, BAI Z Q, YANG Y C, PANG K, et al. A novel SM-based indoor VLC system with index modulation[C]//2018 IEEE 18th International Conference on Communication Technology (ICCT). October 8-11, 2018. Chongqing, China. IEEE, 2018.

[43] CHEN C, DENG X, YANG Y, et al. Experimental Demonstration of Optical OFDM with Subcarrier Index Modulation for IM/DD VLC[C].//Proceedings of the Asia Communications and Photonics Conference (ACP), F, 2019.

[44] AHMED F, NIE Y, CHEN C, et al. DFT-spread OFDM with quadrature index modulation for practical VLC systems[J]. Opt Express, 2021, 29(21): 33027-33036.

[45] XU X Y, ZHANG Q, YUE D W. Orthogonal frequency division multiplexing with index modulation based on discrete hartley transform in visible light communications [J]. IEEE Photonics Journal, 2022, 14(3): 3174283.

[46] DANAKIS C, AFGANI M, POVEY G, et al. Using a CMOS camera sensor for visible light communication[C]//2012 IEEE Globecom Workshops. December 3-7, 2012. Anaheim, CA, USA. IEEE, 2012.

[47] LUO P, ZHANG M, GHASSEMLOOY Z, et al. Experimental demonstration of RGB LED-based optical camera communications[J]. IEEE Photonics Journal, 2015, 7(5): 1-12.

[48] LE N T, JANG Y M. Performance evaluation of MIMO optical camera communications based rolling shutter image sensor [C]//2016 Eighth International Conference on Ubiquitous and Future Networks (ICUFN). July 5-8, 2016. Vienna, Austria. IEEE, 2016.

[49] SHI J, HE J, HE J, DENG R, et al. Multilevel modulation scheme using the overlapping of two light sources for visible light communication with mobile phone camera[J]. Opt Express, 2017, 25(14): 15905-15912.

[50] LUO P F, ZHANG M, GHASSEMLOOY Z, et al. Undersampled-based modulation schemes for optical camera communications [J]. IEEE Communications Magazine, 2018, 56 (2): 204-212.

[51] CHEN H, LAI X Z, CHEN P, et al. Quadrichromatic LED based mobile phone camera visible light communication[J]. Optics Express. 2018, 26(13): 17132-17144.

[52] XU Y Q, HUA J, GONG Z, et al. Visible light communication using dual camera on one smartphone[J]. Opt Express, 2018, 26(26): 34609-34621.

[53] CHEN Q H, WEN H, DENG R, et al. Spaced color shift keying modulation for camera-based visible light communication system using rolling shutter effect[J]. Optics Communications, 2019, 449: 19-23.

[54] 陈青辉, 宗铁柱, 文鸿, 等. 基于 YCbCr 色彩预增强的 MISO-4CSK 光学相机通信系统[J]. 光电子·激光, 2020, 31(5): 468-474.

[55] CHEN H W, WEN S S, WANG X L, et al. Color-shift keying for optical camera communication using a rolling shutter mode[J]. IEEE Photonics Journal, 2019, 11(2): 1-8.

[56] NGUYEN H, JANG Y M. Design of MIMO C-OOK using Matched filter for Optical Camera Communication System[C]//2021 International Conference on Artificial Intelligence in Information and Communication (ICAIIC). April 13-16, 2021. Jeju Island, Korea (South). IEEE, 2021.

[57] VON ARNIM A, LECOMTE J, et al. Dynamic event-based optical identification and communication[J]. Front Neurorobot, 2024, 18: 1290965.

[58] CHOW C W, CHEN C Y, CHEN S H. Visible light communication using mobile-phone camera with data rate higher than frame rate[J]. Opt Express, 2015, 23(20): 26080-26085.

[59] LIU Y, CHOW C W, LIANG K, et al. Comparison of thresholding schemes for visible light communication using mobile-phone image sensor[J]. Opt Express, 2016, 24(3): 1973-1978.

[60] ZHANG Z S, ZHANG T T, ZHOU J, et al. Performance enhancement scheme for mobile-phone based VLC using moving exponent average algorithm[J]. IEEE Photonics Journal, 2017, 9(2): 1-7.

[61] CHEN C W, CHOW C W, LIU Y, et al. Efficient demodulation scheme for rolling-shutter-patterning of CMOS image sensor based visible light communications[J]. Opt Express, 2017, 25(20): 24362-24367.

[62] KIM S J, LEE J W, KWON D H, et al. Gamma function based signal compensation for transmission distance tolerant multilevel modulation in optical camera communication[J]. IEEE Photonics Journal, 2018, 10(5): 1-7.

[63] HE J, JIANG Z W, SHI J, et al. A novel column matrix selection scheme for VLC system with mobile phone camera[J]. IEEE Photonics Technology Letters, 2019, 31(2): 149-152.

[64] HE J, ZHOU Y D, DENG R, et al. Efficient sampling scheme based on length estimation for optical camera communication[J]. IEEE Photonics Technology Letters, 2019, 31(11): 841-844.

[65] GUO M, ZHANG P, SUN Y, et al. Object recognition in optical camera communication enabled by image restoration[J]. Opt Express, 2022, 30(20): 37026-37037.

[66] HUANG Y, KRISHNAN G, O'CONNOR T, et al. End‒to‒end integrated pipeline for underwater optical signal detection using 1D integral imaging capture with a convolutional neural network[J]. Opt Express, 2023, 31(2): 1367‒1385.

[67] 邓中亮, 尹露, 唐诗浩, 等. 室内定位关键技术综述[J]. 导航定位与授时, 2018, 5(3): 14‒23.

[68] LUO J H, FAN L Y, LI H S. Indoor positioning systems based on visible light communication: state of the art[J]. IEEE Communications Surveys & Tutorials, 2017, 19(4): 2871‒2893.

[69] ZHANG W, KAVEHRAD M. A 2‒D indoor localization system based on visible light LED [C]//2012 IEEE Photonics Society Summer Topical Meeting Series. July 9‒11, 2012. Seattle, WA, USA. IEEE, 2012.

[70] LEE Y, KAVEHRAD M. Two hybrid positioning system design techniques with lighting LEDs and ad‒hoc wireless network[J]. IEEE Transactions on Consumer Electronics, 2012, 58(4): 1176‒1184.

[71] ZHANG X L, DUAN J Y, FU Y G, et al. Theoretical accuracy analysis of indoor visible light communication positioning system based on received signal strength indicator[J]. Journal of Lightwave Technology, 2014, 32(21): 3578‒3584.

[72] VONGKULBHISAL J, CHANTARAMOLEE B, ZHAO Y, et al. A fingerprinting‒based indoor localization system using intensity modulation of light emitting diodes[J]. Microwave and Optical Technology Letters, 2012, 54(5): 1218‒1227.

[73] YANG S H, KIM D R, KIM H S, et al. Visible light based high accuracy indoor localization using the extinction ratio distributions of light signals[J]. Microwave and Optical Technology Letters, 2013, 55(6): 1385‒1389.

[74] LEE Y U, BAANG S, PARK J, et al. Hybrid positioning with lighting LEDs and Zigbee multihop wireless network[C]//SPIE OPTO. Proc SPIE 8282, Broadband Access Communication Technologies VI, San Francisco, California, USA. 2012, 8282: 144‒150.

[75] PANTA K, ARMSTRONG J. Indoor localisation using white LEDs[J]. Electronics Letters, 2012, 48(4): 228.

[76] WU P, LIAN J, LIAN B W. Optical CDMA‒based wireless indoor positioning through time‒of‒arrival of light‒emitting diodes[C]//2015 14th International Conference on Optical Communications and Networks (ICOCN). July 3‒5, 2015. Nanjing, China. IEEE, 2015.

[77] JUNG S Y, HANN S, PARK C S. TDOA‒based optical wireless indoor localization using LED ceiling lamps[J]. IEEE Transactions on Consumer Electronics, 2011, 57(4): 1592‒1597.

[78] GUAN W P, WU Y X, XIE C Y, et al. High‒precision approach to localization scheme of visible light communication based on artificial neural networks and modified genetic algorithms [J]. Optical Engineering, 2017, 56(10): 106103.

[79] YUAN T, XU Y Q, WANG Y, et al. A tilt receiver correction method for visible light positioning using machine learning method[J]. IEEE Photonics Journal, 2018, 10(6): 1‒12.

［80］ ZHANG S, DU P F, CHEN C, et al. Robust 3D indoor VLP system based on ANN using hybrid RSS/PDOA［J］. IEEE Access, 2019, 7: 47769-47780.

［81］ JIANG J J, GUAN W P, CHEN Z N, et al. Indoor high-precision three-dimensional positioning algorithm based on visible light communication and fingerprinting using K-means and random forest［J］. Optical Engineering, 2019, 58(1): 016102.

［82］ WU Y C, CHOW C W, LIU Y, et al. Received-signal-strength (RSS) based 3D visible-light-positioning (VLP) system using kernel ridge regression machine learning algorithm with sigmoid function data preprocessing method［J］. IEEE Access, 2020, 8: 214269-214281.

［83］ ABU BAKAR A H, GLASS T, TEE H Y, et al. Accurate visible light positioning using multiple-photodiode receiver and machine learning［J］. IEEE Transactions on Instrumentation and Measurement, 2021, 70: 1-12.

［84］ SONG S H, LIN D C, CHANG Y H, et al. Using DIALu$_x$ and regression-based machine learning algorithm for designing indoor visible light positioning (VLP) and reducing training data collection［C］//Optical Fiber Communication Conference (OFC) 2021. Washington, DC. Washington, D. C. : Optica Publishing Group, 2021.

［85］ SONG S H, LIN D C, LIU Y, et al. Employing DIALu$_x$ to relieve machine-learning training data collection when designing indoor positioning systems［J］. Opt Express, 2021, 29(11): 16887-16892.

［86］ LIU R, LIANG Z H, YANG K, et al. Machine learning based visible light indoor positioning with single-LED and single rotatable photo detector［J］. IEEE Photonics Journal, 2022, 14(3): 3163415.

［87］ ALENEZI A H, NAZZAL M, SAWALMEH A, et al. Machine learning regression-based RETRO-VLP for real-time and stabilized indoor positioning［J］. Cluster Computing, 2024, 27(1): 299-311.

［88］ WANG K, HUANG X, LIU Y, et al. CSI-based sliding window fingerprinting method tailored for a signal blocking environment in VLP systems［J］. Opt Express, 2023, 31(1): 355-370.

［89］ 孙森震, 李广云, 王力, 等. 可见光通信平板光源高精度视觉室内定位方法［J］. 测绘科学技术学报, 2021, 38(3): 259-266.

［90］ 迟楠, 石蒙, 哈依那尔, 等. LiFi: 可见光通信技术发展现状与展望［J］. 照明工程学报, 2019, 30(1): 1-9, 14.

［91］ BREGOVIC R, SARAMAKI T. A systematic technique for designing linear-phase FIR prototype filters for perfect-reconstruction cosine-modulated and modified DFT filterbanks ［J］. IEEE Transactions on Signal Processing, 2005, 53(8): 3193-3201.

［92］ CAHYADI W A, CHUNG Y H, GHASSEMLOOY Z, et al. Optical camera communications: Principles, modulations, potential and challenges［J］. Electronics, 2020, 9(9): 1339.

［93］ TAKAI I, HARADA T, ANDOH M, et al. Optical vehicle-to-vehicle communication system using LED transmitter and camera receiver［J］. IEEE Photonics Journal, 2014, 6(5): 1.

［94］ 张振山. 基于手机摄像头的可见光通信关键技术研究［D］. 北京: 北京邮电大学, 2019.

［95］ FARAHSARI P S, FARAHZADI A, REZAZADEH J, et al. A survey on indoor positioning systems for IoT-based applications［J］. IEEE Internet of Things Journal, 2022, 9(10): 7680-99.

［96］ LUO J H, FAN L Y, LI H S. Indoor positioning systems based on visible light communication: state of the art［J］. IEEE Communications Surveys & Tutorials, 2017, 19(4): 2871-2893.

［97］ ZHANG Y, CHEN H, CHEN S, et al. Surface centroid TOA location algorithm for VLC system ［J］. KSII Transactions on Internet & Information Systems, 2019, 13(1).

［98］ DU P, ZHANG S, CHEN C, et al. Demonstration of a low-complexity indoor visible light positioning system using an enhanced TDOA scheme［J］. IEEE Photonics Journal, 2018, 10(4): 1-10.

［99］ GONENDIK E, GEZICI S. Fundamental limits on RSS based range estimation in visible light positioning systems［J］. IEEE Communications Letters, 2015, 19(12): 2138-2141.

［100］ZHANG Z, CHEN H Y, HONG X Z, et al. Accuracy enhancement of indoor visible light positioning using point-wise reinforcement learning［C］//Optical Fiber Communication Conference (OFC) 2019. San Diego, California. Washington, D. C.: OSA, 2019.

［101］ZHANG Z, ZHU Y, ZHU W, et al. Iterative point-wise reinforcement learning for highly accurate indoor visible light positioning［J］. Optics Express, 2019, 27(16): 22161-22172.

［102］WANG K, LIU Y, HONG Z. RSS-based visible light positioning based on channel state information［J］. Optics Express, 2022, 30(4): 5683-5699.

图书在版编目(CIP)数据

多载波可见光通信的信号处理及应用 / 文鸿, 陈青辉著. —长沙: 中南大学出版社, 2024.1
ISBN 978-7-5487-5755-9

Ⅰ. ①多… Ⅱ. ①文… ②陈… Ⅲ. ①光通信-研究 Ⅳ. ①TN929.1

中国国家版本馆 CIP 数据核字(2024)第 058549 号

多载波可见光通信的信号处理及应用
DUOZAIBO KEJIANGUANG TONGXIN DE XINHAO CHULI JI YINGYONG

文鸿 陈青辉 著

□出 版 人	林绵优	
□责任编辑	刘小沛	
□责任印制	唐 曦	
□出版发行	中南大学出版社	
	社址: 长沙市麓山南路	邮编: 410083
	发行科电话: 0731-88876770	传真: 0731-88710482
□印 装	广东虎彩云印刷有限公司	

□开 本	710 mm×1000 mm 1/16 □印张 14.25 □字数 285 千字	
□互联网+图书	二维码内容 字数 1 千字 图片 16 张	
□版 次	2024 年 1 月第 1 版 □印次 2024 年 1 月第 1 次印刷	
□书 号	ISBN 978-7-5487-5755-9	
□定 价	68.00 元	

图书出现印装问题, 请与经销商调换